美学与美育的交响

马欣 ◎ 著

東華大學出版社
·上海·

图书在版编目(CIP)数据

美学与美育的交响 / 马欣著. —上海：东华大学出版社，2023.7
ISBN 978-7-5669-2227-4

Ⅰ.①美… Ⅱ.①马… Ⅲ.①美学—研究 ②美育—研究 Ⅳ.①B83 ②G40-014

中国国家版本馆 CIP 数据核字(2023)第 111805 号

美学与美育的交响

MEIXUE YU MEIYU DE JIAOXIANG

马欣 著

责任编辑 / 李 晔
装帧设计 / 静 斓
出版发行 / 东华大学出版社有限公司
地址：上海市延安西路 1882 号 邮编：200051
电话：021-62193056
网址：http://dhupress.dhu.edu.cn/
印 刷 / 常熟市大宏印刷有限公司
开 本 / 710 毫米×1000 毫米 1/16 开
印 张 / 12
字 数 / 346 千字
版 次 / 2023 年 7 月第 1 版
印 次 / 2023 年 7 月第 1 次印刷

ISBN 978-7-5669-2227-4 定价：78.00 元

前言

2018年9月，笔者在东华大学马克思主义学院担任思想政治理论课教师，面向全校各专业开设了一门文化素质类选修课程“美学与生活”，颇受学生欢迎。这门课程旨在从日常生活案例出发，运用马克思主义的立场、观点与方法，引导学生理解和讨论中西美学史上的重要理论命题、概念与思潮，激发学生结合自身经验进行反思并且与之形成对话；将美学原理融入具体的审美现象分析，并进行中西比较，由浅入深，帮助学生形成美学思维、提升审美素养。

从2018年至今，这门课程已经开设了8个学期，课程由单一的线下教学，逐步升级为线下研讨与线上学习相结合的方式。学生在课后经常提出富有挑战性的美学问题，为了减少令人难为情的“一时语塞”的状况，笔者不断地充实教学内容、优化大纲、完善细节，并以授课主题为基础构思出《美学与美育的交响》的雏形，又利用上课与备课的间隙将其修改打磨完成，这本书的写作也激起了笔者再次回头研读美学经典的欲望。希望通过这本书，学生可以在课程之外，对美学的起源与美学的基本问题有更加深入的了解，在已经具备的审美鉴赏力的基础上，自觉构建属于自身的审美经验；树立正确的理想信念，增强独立思维、美丑及价值判断能力，促进身心和谐发展，把握正确的人生方向。

衷心感谢东华大学的硕士研究生李鸽为本书付出的辛劳，她对文稿的格式与字体进行了统一，并且完成了初步的校对工作。

本书获得上海市马克思主义理论教学研究“中青年拔尖人才”（项目编号：2020BJ15）与“东华大学励志计划”（项目编号：LZB2020003）资助。

目录

下编　美　育

绪论　美学与美育是美好生活的必修课

美学与美育，统一于人们对于美好生活的追求。研究美学、探讨美学问题，使人拥有美的情操、美的素养，具备感知美、创造美的能力，归根结底是为了让生活增光添彩。换言之，通过学习美学理论及其在审美教育中的转化与运用，体味一草一木的美好，领会一山一石的乐趣，会让我们的人生旅程更加自在而丰盈；必要的美学修养，亦能提升人生的境界，当遭遇挫折与不幸的时候，能够以更为达观和超越的态度去应对，在挫折中汲取智慧，从不幸中看到幸福。

一谈到美学，自然而然使人想到许多美好的人和事物，也容易望文生义地得出，美学就是研究关于美的学问，或者有一种更为狭隘的观点，把美学与研究如何使人和物变美的学问直接画上等号。其实，从美学的萌生与发端来看，这门学问隶属于哲学。我们所熟知的古希腊哲学家，如毕达哥拉斯、柏拉图、亚里士多德均被视为美学家。他们留有传世的美学著作，其中不仅讨论了“美是什么”这样基础性的美学问题，研究了音乐、史诗、悲剧等艺术类型，探讨了象征、模仿、再现等美学原则，还关注到爱情、恐惧、哀怜等人类复杂的情感现象。这些事物纵然与美有着千丝万缕的关联，但这些事物本身的复杂性，决定了无法以中文里单独的一个“美”字去涵盖它们。

据李泽厚先生考证，中文的“美学”一词来自日本，是 1904 年江肇民先生对 Aesthetics 一词的译介，但如果用更准确的中文来翻译，应该是“审美学”。[①] 为何这么说？这还得从开辟出美学疆界的德国哲学家亚历山大・戈特利布・鲍姆嘉

① 参见李泽厚：《华夏美学・美学四讲》，生活・读书・新知三联书店，2008，第 239 页。

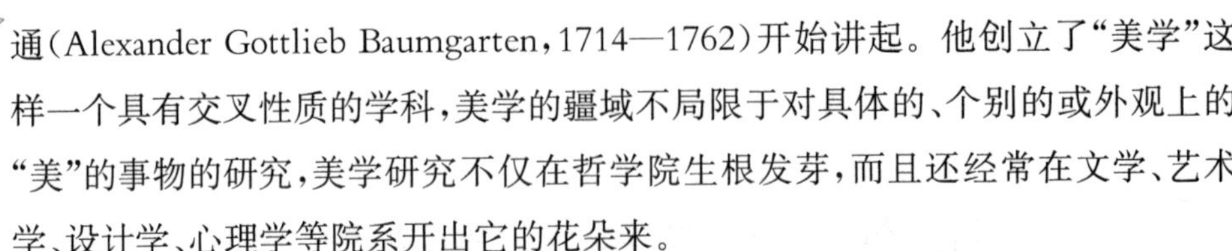

通(Alexander Gottlieb Baumgarten，1714—1762)开始讲起。他创立了“美学”这样一个具有交叉性质的学科，美学的疆域不局限于对具体的、个别的或外观上的“美”的事物的研究，美学研究不仅在哲学院生根发芽，而且还经常在文学、艺术学、设计学、心理学等院系开出它的花朵来。

鲍姆嘉通也被誉为“美学之父”。他深受戈特弗里德·威廉·莱布尼茨(Gottfried Wilhelm Leibniz，1646—1716)与克里斯蒂安·沃尔夫(Christian Wolff，1679—1754)的理性主义哲学的影响，但他在21岁时便敏锐地觉察到，在当时德国学界占据主导地位的莱布尼茨-沃尔夫哲学体系当中，已经有逻辑学专门来研究人类的认知，也有伦理学专门研究人的意志，唯独缺少了研究人类情感的学问。于是，鲍姆嘉通在博士论文《关于诗的哲学沉思》(1735)中将事物划分为“可理解的”与“可感知的”。“可理解的”事物通过高级的认识能力去把握，即通过概念逻辑去把握；“可感知的”事物则通过低级的认识能力去把握，即通过感觉来把握。这里的“低级”并不是说这种认识能力不重要，而是说这种认识能力是基础性的，它是理性认识的基础；并且，虽然它是混乱杂多的，不能够明确地给出定义，却能够体察与区分各类现象，帮助人们更好地感知美以及其他与美有关的事物，当然也包括丑。因此，我们可以说，由感觉获得的观念也具有明晰性，它区分了概念使之具有明确性，感性的形式愈加完善，引发的情感愈强烈，形成的感性认识也就愈明晰。

美学围绕着我们的感性认识能力来展开研究，因而便会产生这样一种疑问，鲍姆嘉通之前的哲学家是如何看待这门学问的研究对象呢？其实在总体上是非常消极的，例如：荷兰哲学家、理性主义者巴鲁赫·德·斯宾诺莎(Baruch de Spinoza，1632—1677)，将感官知觉和激情都视为混乱的思想、行为，认为“按激情行事的人是‘奴隶’，而按理性行事的是‘自由人’”。[1] 也就是说，人在感性认识中是被动的、易变的、无知的，服从于不确定性，如同一个盲目的遇难者。又如在沃尔夫的形而上学体系中，理论哲学分为四个部分：本体论、宇宙论、伦理学与心理学。感性认识——认识的暧昧部分，属于心理学的研究对象，也就是说，感性认识连带感性认识能力是理论哲学的研究对象。

---

① [英]罗斯：《斯宾诺莎》，谭鑫田等译，广西师范大学出版社，2018，第130页。

鲍姆嘉通则想在沃尔夫的理论哲学前面添加一门先在的“感性认识的科学”，即研究感觉的或朦胧的观念的科学。他认为，应该将感觉过程与逻辑过程区别开来，并且将完善性——多样性中的统一概念——引入对感觉的研究当中，把感性认识，即感受或感觉的完善称为美。这样一来，自然，即感官知觉可以达到的世界，便成了艺术的标准和范型，艺术的法则就是模仿自然，艺术是思辨认识的一种预备性锻炼。[①] 他的贡献在于，在美学同逻辑学、伦理学之间，划分出了明确的界限：逻辑学的目标是研究专属于思想的那种完善，美学的目标是研究专属于感觉的那种完善，伦理学的目标是研究专属于行为的那种完善。

鲍姆嘉通在其博士论文中，将“感觉”即人的感性认识作为美学研究的对象，“感觉”包括对眼前事物所感觉到的意向，追忆过去事物的幻想与想象、当事人的情感等[②]，并且首次提出，美学应当作为独立的学科被建立起来。鲍姆嘉通对他的这一发明很重视，于是他在 1750 年，以 Aesthetica（拉丁文）为书名，出版了他的巨著《美学》。其中对《关于诗的哲学沉思》中的思想进行了更为详尽的阐述，界定了美学研究的对象与美学的任务：“美学的对象就是感性认识的完善……美学是以美的方式去思维的艺术，是美的艺术理论。”[③]鲍姆嘉通关于“完善”的观念，显然受到沃尔夫的影响，沃尔夫曾经提出，“美在于一件事物的完善，只要那件事物易于凭它的完善来引起我们的快感”[④]。鲍姆嘉通则将美定义为被感受到了的完善，认为感性认识中的美可以类比理性认识中的真理。《美学》一书用拉丁文写成，一直到 18 世纪下半叶，人们才采用了现今公认的“美学”。

18 世纪末 19 世纪初，德国古典哲学的奠基人伊曼努尔·康德（Immanuel Kant，1724—1804）完成了自己在哲学上的“哥白尼式的革命”。在他的先验哲学中，美学也占有一席之地。他在《纯粹理性批判》中的《先验美学》（Die transzendentale Ästhetik，又译为“先验感性论”）一节谈到，唯有德国人用“Ästhetik”（德文中的“美学”）一词来标识其他国家的人称之为“鉴赏判断”（Kritik des Geschmacks）的东西，并指出鲍姆嘉通把对美的判断纳入理性原则之下，并将其上升为科学是不

---

① 参见[英]鲍桑葵：《美学史》，张今译，中国人民大学出版社，2010，第 168-170 页。

② 参见朱光潜：《西方美学史资料翻译：残稿》，中华书局，2013，第 155 页。

③ [德]鲍姆嘉通：《鲍姆嘉通说美》，高鹤文、祁祥德编译，华中科技大学出版社，2018，第 26 页。

④ 朱光潜：《西方美学史资料翻译：残稿》，中华书局，2013，第 152 页。

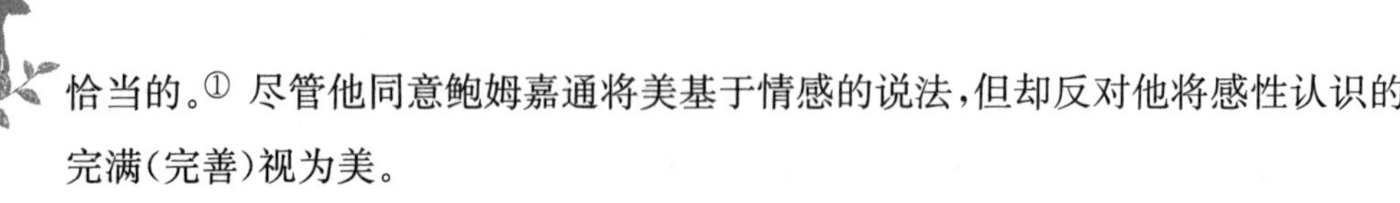

恰当的。① 尽管他同意鲍姆嘉通将美基于情感的说法，但却反对他将感性认识的完满（完善）视为美。

康德在其专门的美学著作《判断力批判》中专辟一节来说明，鉴赏判断完全不依赖于完善性概念，也就是说，一个东西招不招人喜欢，能不能让人感到愉快，进而得出一个审美判断来，是绝对不依赖于概念的、是非逻辑的。美既然不依赖于概念，那它取决于什么呢？他强调美（美感）的获得基于主体的审美能力，主体审美能力的获得，需要明确与恪守的原则是：审美态度的无利害性、审美判断的非概念的普遍有效性、审美活动的无目的的合目的性、审美判断的必然性。总之，审美判断是与主体及其愉快或不愉快的情感密切联系的，因此它是主观的，并不能真实地反映出客体中的任何东西，对于认识不能有任何贡献。

德国古典美学的重要代表之一约翰·克里斯托弗·弗里德里希·冯·席勒（Johann Christoph Friedrich von Schiller，1759—1805），试图用另外一个名称来替代“美学”（Ästhetik）一词。他从古希腊文中找到希腊文中的“美”（Kallos），将其变为卡利斯惕克（Kallistik）。关于“什么是美”这个问题，他也给出了自己的回答：美是现象中的自由，也就是说，这种自由并非实际的自由，而是“看起来像”自由，是“貌似”自由。他还举了许多例子来说明美。他指出，就一个人的着装而言，如果衣服的自由没有由于身体受到损害，身体的自由也没有受到衣服的损害，那么给人的感觉就是美的。在日常生活中，我们也会发现，衣服过窄会让穿着它的人非常不舒服，衣服也有可能被撑到变形或裂开，用席勒的话来说，就是损害了两者的自由，就不会感到美了。就人际交往而言，一是要学会体谅别人的自由，二是要尽量实现你自己的自由，唯有两者同时实现，才堪称完美的社交。这毋宁说，在交往中要使每个人都能够有宽松的空间、适度的频率，来恰如其分地展现自己，如同在交谊舞中，舞者彼此交错在一起，却不会相互碰撞，配合精妙、有条不紊。总而言之，席勒在美学上秉持这样的观点：审美趣味的王国是自由的王国。

席勒在美学上还有一个重要的贡献，就是提出了系统的美育理论。他除了

---

① 参见［德］康德：《三大批判合集》（上），邓晓芒译，人民出版社，2009，第24页。

像鲍姆嘉通受到德国哲学家莱布尼茨的理性主义的影响，还受到英国哲学家夏夫兹博里（The Third Earl of Shaftesbury，1671—1713）的经验主义的影响。后者强调美与善的关联——美与善是一致的，肯定审美活动的社会价值，对席勒美育思想的形成有着积极影响。席勒在与克尔纳以书信的方式谈论美的本质之前，系统研究了康德哲学，后来整理出版的《论美书简》中充满了对康德美学的阐释与发挥。

席勒的美育思想也是以康德哲学为出发点的，但他却不同意康德对美的概念界定中的主观性。他认为美是有一个客观的基础的，美的本质与人的本质直接相关，因此决心从人的本质与活动中去找寻美的根源。他发现，人是感性与理性的统一体，既具有感性冲动，又具有理性（形式）冲动，美诞生于这两种冲动的结合——游戏冲动。席勒赋予了游戏别样的意义："只有当人在充分意义上是人的时候，他才游戏；只有当人游戏的时候，他才是完整的人。"[①]他所说的游戏并不是现实生活中流行的游戏，或者说并不是针对某种物质对象的游戏，而是作为某种审美旨趣的游戏。这样的游戏能够使人同时释放感性与理性两种天性，能够同时消除自然规律的物质强制与道德法则的精神强制，从而获得真正的自由，产生美的感受。

例如：当我们不由自主地喜欢上了一个品性不好的人，我们就痛苦地发现自然本性的强制，这个自然本性主要指我们的情欲；当我们莫名讨厌一名君子，我们同样会痛苦地发现理性的强制，这个理性来自我们内心的道德感，唯有当一个人既能引起我们的喜爱，又能博得我们的尊敬，来自自然本性的压力和理性的压力就都不存在了，这样我们才能真正爱上他。因此，爱是一种自由的情感，这种情感并非纯然是发自内心的喜爱，也不单纯是由尊敬而生，而是感性与理性的协调一致。

席勒想通过美育来解决人性的分裂、国家的暴政、文化教养的片面性等社会问题，由此将美育与德育、智育、体育并举，作为人才培养的有机整体。根据席勒的设想，美育主要借助美的艺术来实施，因为在他看来艺术比自然更能鼓舞人心，美育的效果主要体现在鉴赏力的提高、情感的活跃、思想的自由与行为的优雅庄重等方面。

德国古典哲学的集大成者格奥尔格·威廉·弗里德里希·黑格尔（Georg

① ［德］席勒：《美育书简：德汉对照》，徐恒醇译，社会科学文献出版社，2016，第115页。

Wilhelm Friedrich Hegel，1770—1831），在《美学》第一卷开篇就谈到美学（Ästhetik）这个概念，指出其精确的意思是，研究感觉和情感的科学，并且指出，在当时的德国，人们通常从艺术作品所应引起的愉快、惊叹、恐惧、哀怜之类情感去看艺术作品。但是，黑格尔认为，“美学”这个名称是不恰当的，甚至是很肤浅的，而正当的名称该是“艺术哲学”或“美的艺术的哲学”。[①] 并且，他看重艺术美甚于自然美，认为“艺术美是由心灵产生和再生的美，任何一个无聊的幻想，既然是经过了人的头脑，也就比任何一个自然的产品要高些，因为这种幻想见出心灵活动和自由”。[②] 这毋宁说，是将美学的研究对象锁定在了艺术领域，对艺术之本质进行全面省思，进而阐发艺术作品的真理内涵，则成了美学的根本任务。无论如何，黑格尔保留了 Ästhetik 这个名称，将“美”理解为理念的感性显现（Schein，又译为“形象”或“现形”，“显现”这一译法含有动词的意味）。这里的理念并不是指意识，虽然意识被算在理念的表现形式之列，理念更多的是指向一个系统性的统一体，是一个过程。比如艺术的三种类型，即象征型、古典型、浪漫型，合起来就构成理念的历史演变的主要轮廓。每一个历史艺术形式下，又都有几种表现方式，即各门艺术（建筑、雕塑、绘画、音乐和诗歌）的体系，各门艺术体系主要按照它们所使用的感官工具的不同而有所区别。各门艺术在每一个时代都要重现，在每次重现时，其中总有一种或一种以上占有特权地位，视它们的倾向同它们所处时代的精神是否吻合而定。

黑格尔强调美的无限和自由，因为它既不受理性逻辑的局限，也不受欲念目标的局限，脱离现实世界而超然独立。朱光潜认为，这其实是康德提出的“无目的的合目的性”观点的进一步发展，是“为艺术而艺术”论的哲学基础[③]。黑格尔通过三卷本的《美学》著作，明确了美学的研究范围及其作为艺术哲学的研究方式，其影响是极其深远的。后世学者在撰写美学史时，基本上都无法将其绕开，相反在内容上着重进行介绍。例如，英国哲学家伯纳德·鲍桑葵（Bernard Bosanquet，1848—1923）所撰《美学史》，除了在正文第十二章中介绍了黑格尔美

---

① 参见［德］黑格尔：《美学》（第一卷），朱光潜译，商务印书馆，1979，第 3 页。

② ［德］黑格尔：《美学》（第一卷），朱光潜译，商务印书馆，1979，第 4 页。

③ 参见朱光潜：《西方美学史》，中国友谊出版公司，2019，第 501 页。

学的核心概念外，还专门设“附录一”对其创立的艺术类型体系进行了摘录。

自鲍姆嘉通以来，德国美学的形而上学传统，也让许多人对美学产生了刻板的印象：美学虽是深刻，却又抽象无比，它的门槛之高，仿佛只有系统学习过西方哲学、充分了解艺术史的人，方能登堂入室。与此相对的是，在中文语境中，美学这样一个富有张力的名称，又往往会引发人们的好奇：美学究竟在研究什么？

鲍桑葵将美学理论的开端追溯至古希腊（苏格拉底时代），其理由是：哲学家对于美学问题的专门思考，只是审美意识的有条理的形式，而审美意识或美感本身，是深深扎根在各个时代的生活当中的。他所强调的其实是，美学作为一门学科诞生在 18 世纪，但是美学事实的存在却远远早于“美学”一词。并且在美学这一学科成立之后，美学的研究疆域也在不断地扩大，美学与各门学科（艺术学、社会学、心理学、设计学、体育等）不断地进行对话，产生出纷繁多样的美学理论。

在笔者看来，美学从总体上可以分为两个部分：一是理论的，主要包括哲学美学、艺术学（史）美学、心理学美学；二是实践的，主要包括文艺批评实践与设计美学、装饰美学、环境美学与教育美学（美育）等。当然这种分类只是具有相对的意义，在厘清美学基本问题的前提下，美学实践才有章可循；此外，将美学问题置于同人类审美活动的关联中，才能真正激发美学理论的更新迭代。正如本书的书名所示，美学与美育既相互交融又顿挫分明，理论的部分与实践的部分既各自展开又交相呼应。

《美学与美育的交响》这本书，想要打开一个合适的入口，将美学与美育的理论，用浅显易懂的方式表达出来，让美学从深奥的思辨，回归到现实生活中人们所关心的话题、热议的现象上来。例如书中会专设一章来讨论爱情，介绍柏拉图《会饮篇》对爱情起源的解释，用哲学家、心理学家弗洛姆《爱的艺术》中的理论来分析 PUA① 现象，通过德国社会学家卢曼的《作为激情的爱情》来解开爱情的秘

① PUA，全称“Pick-up Artist”，是指一方通过精神打压等方式，对另一方进行情感控制的代名词。PUA 原意是指“搭讪艺术家”，其原本是指男性接受过系统化学习、实践，不断更新提升、自我完善情商的行为，后来泛指很会吸引异性、让异性着迷的人和其相关行为。也有观点认为，PUA 的核心是通过刻意扭曲事实，采用持续打击、否认、误导和欺骗等方式，使被操纵者怀疑自己的价值，从而不得不对操纵者百依百顺。PUA 不仅发生在亲密关系中，还被广泛用于职场、校园、家庭等各种关系中，说“职场 PUA”“校园 PUA”时，其含义可能更接近于“霸凌”。

符;让美育从艺术教育的狭窄视界中解放出来,或者说,让美育更多地聚焦于思想的训练、心灵的塑造、修养的提升与性情的陶冶,将美育从抽象的说教,转化为对影视、小说、绘画等具体作品的批评与鉴赏,从停留在简单的美术、声乐、形体与表演训练的技术教育层面,拓展到对现时代人的审美心理、情感问题,乃至生活样态的理解与分析。例如本书下编中,会用一系列的批评文章来分析互联网教育、当代的女性心理、新媒体视角下的劳动之美、文学中的"病毒"等主题。所有的评论文章,都是经由美学理论的展开,对人生世相、生命情感内在规律的探索,启发读者去思考如何尽善尽美地安排自己的生活。

本书将围绕着如何才能发现、创造和拥有美好生活这一主轴展开论述:一则将传统经典与学术前沿结合起来。如书中既有对《诗学》《拉奥孔》《悲剧的诞生》等经典美学著作的介绍,又设计了从模仿理论出发讨论表演技巧、从造型艺术的法则出发讨论电影中的"丑"、从酒神精神出发探讨超越荒诞的路径等问题。二则将中西美学史上的交流与对话呈现出来。如纳入德国美学家戈特霍尔德·埃夫莱姆·莱辛(Gotthold Ephraim Lessing,1729—1781)对造型艺术与诗的艺术的区分,与宋代文人对"诗画同一"的阐发;再如引入魏晋时期的人物品藻的丰富案例与古希腊时期的体相学,探讨人的外在与内在的相互影响及作用。采用这种问题意识的方法来介绍美学、讨论美育,旨在让读者更清晰地把握不同文化之间的联结与差异,并能从中体会不同思维方式的优势与局限,进而整合出一套立足于美学、着眼于美育的世界观与方法论,给人以实现全面发展自身潜能的动力,活得更美好、更自由。

美学与美育

上编

美　学

第一章 美是难的

在现实生活中，美似乎无处不在，人们创制出各式各样的美，靓丽的形象、动听的音乐、美好的空间，不胜枚举。与此同时，还存在一个重要的历史传统——古希腊美真善相统一的思想。古希腊大哲学家柏拉图（前427—前347），在他专门谈论美学问题的《大西庇阿斯篇》和关涉美学问题较多的《会饮篇》①（又名《会饮》）的文章中，都论及美与善、美与真的关系问题，并且将其作为生活的根基进行探讨。两篇均是由对话体写成的，尤其在《会饮篇》中各种观点汇集，形成复调叙事，却又浑然一体，著名的美的阶梯论，由爱的话题娓娓道出，光华灿烂；而《大西庇阿斯篇》则是通过由表及里、由浅入深的对话，把美的本质依次抽绎出来，汪洋恣肆。

"美是难的"，这一主题出自《大西庇阿斯篇》，柏拉图记录了一场专门讨论美的本质的对话，参与人是苏格拉底与西庇阿斯。我们可以想见，这是一场艰难的谈话，因为苏格拉底面对问题，向来是打破砂锅问到底，又善用精神助产术，西庇阿斯又自认为见多识广，不愿轻易服输。此外，关于美的本质问题，自古便是意见纷纭，难有定论。美的本质是什么，以及美是否具有普遍本质的问题，中西哲人都曾留下探索的印迹，至今依然闪耀思想的光芒。

在苏格拉底之前，古希腊哲学家毕达哥拉斯（约前580—前500）以数为万物本原，认为0.618这个数值是具有审美意义的。他还发现了音阶的数的比例，并且注意到自然界的事物常常符合一定的数学比例关系，而这种关系（距离、速度、

① 《会饮篇》（英语：The Symposium，或译作《会饮》《飨宴篇》《宴话篇》），作者柏拉图。2017年，商务印书馆出版译本名为《会饮》，由杨俊杰译注。

大小等）会造成一种和谐的美感。于是他把处在多变而有序的运动之中的宇宙星空，比作一支气势雄浑、美妙绝伦的交响乐——天体音乐。我们有理由相信，他对美的本质的回答，很有可能围绕着数的结构和比例展开。

在《道德经》第二章中，老子提出了以辩证思想为核心的美学观点："天下皆知美之为美，斯恶已。"据注解：天下都知道将美的事物称为"美"，那是因为有丑恶的存在①。也就是说，美和丑是两相并举的，没有美就没有丑，反之亦然。如果要给"美"树立一定的规范、标准，进而将"美"和"丑"人为地划分出分明的边界，这到底是好事还是坏事呢？老子虽没有明确地讲，但从他主张"无为而无不为"的思想推之，应该是不赞成的。

从哲思回到现实生活，普通人即便不必弄清美的本质问题，但与美相关的许多事物，面对或处理起来，同样也是困难的。例如：对于长相普通的人而言，变美是一个难题；而对于长相俊美的人，永驻芳华也如登天一般。追求美与保持美都是难的，然而我们确乎生活在美的包围之中，报刊、电视、电影当中的佳人绝色，以及新媒体中大量经过艺术化处理的各色美好形象，不断挑逗着人人皆有的爱美之心，同时又暗示着美丽的附加值，无怪乎现代人每每陷入容貌焦虑。

当然，随着医学技术的发展，整容已是屡见不鲜，人们对待整容这件事的态度，总体上已从开始时的拒斥，逐渐过渡到了接受，尽管在某些方面仍然存有争议，但包容度显然要比十年前要高出很多。为什么要整容，其理由大略可分为三种：一是修复原本的容貌，如受伤后接受整容手术的明星就属于这一种；二是为了变美，这是许多对自身容貌不自信的人的美好愿望；三是出于特殊的原因，如逃避罪行、执行特殊任务等，通过整容转换身份。我们集中来讨论第二种，即生活中常见的出于变美的愿望而选择整容。

就个体而言，为了变美而整容貌似无可厚非，但若许多个体盲目地加入整容的行列中，很可能会带来一个社会性后果，即我们的审美会变得趋同化、单一化，如大众媒体铺天盖地的"网红审美"，这从审美的多样性方面讲，并不是一件好事情；那我们再来讨论一下，对个体而言，变得漂亮除了自身要承担的健康甚至生命风险外，就都是益处吗？

---

① 汤漳平：《老子》，王朝华译注，中华书局，2014，第8页。

2018年，一档名为《和陌生人说话》的节目受到关注，这是一档由腾讯新闻出品的关注普通人情感与经历的人物故事节目，其中一期邀请了两位美女（一位天然美女，一位人造美女）对谈整容话题，与之相关的，究竟是颜值重要，还是内涵重要，即外在美重要，还是内在美重要，这样一个颇为"老旧"的话题，通过人造美女现身说法的方式，直击荧幕外的观众。据说整容无数次，花费超400万元的人造美女，以"整容—变美—自信"来实现自我价值，并宣称自己会不断地整下去，为何如此？

这里其实涉及美学非常关注的问题——美的标准，美是否有一个标准呢？在这位人造美女看来，美是有标准的，但在社会发展的不同时期，美的标准是不尽相同的，也就是说，美的标准实际上是在不断变更的。我们权且不去论为了迎合这个变动着的标准而整容是否值得，先从美学的角度来思考一个更为根本性的问题，即是否存在一种恒定、绝对的美呢？个别的美在生灭变动，然唯有它不增不减，亘古如斯。

一、《会饮篇》：美的阶梯

回到古希腊，柏拉图的《会饮篇》就探讨了绝对美的话题，这一篇被誉为柏拉图唯美色彩最重的一篇对话。《会饮篇》的篇幅较为短小，商务印书馆2017年出版的王太庆的译本，统共只有84页，但若论哲学上的深刻程度，《会饮篇》也可比肩于柏拉图的《国家篇》。

《会饮篇》是宴饮高潮上的谈话记录，宴饮的主人是悲剧作家阿伽通，他写的剧本得了奖，于是邀请众好友在家中庆贺，到场的一共有7人，饮酒赏乐好不热闹，参与谈话的人有苏格拉底、阿伽通、女祭司狄奥提玛等，中心人物自然是喜欢发问的苏格拉底。宴会那一天，他例外地打扮得清清爽爽，还穿了鞋子。他自己说，打扮得漂亮是为了去看一个漂亮的人，可是他并不着急，因为他走到半路又跟往常一样停下来思考问题，过了许久，客人们都吃到一半了，他才来到宴会现场。这里是不是非常有画面感，电影《苏格拉底》中就有这个情节。

很多人认为，《会饮篇》的主题是爱（eros，又译为爱欲、厄洛斯），这自然是有一定道理的，因为在这篇对话里，在场的每个人都谈了一段颂扬爱神的话，这也

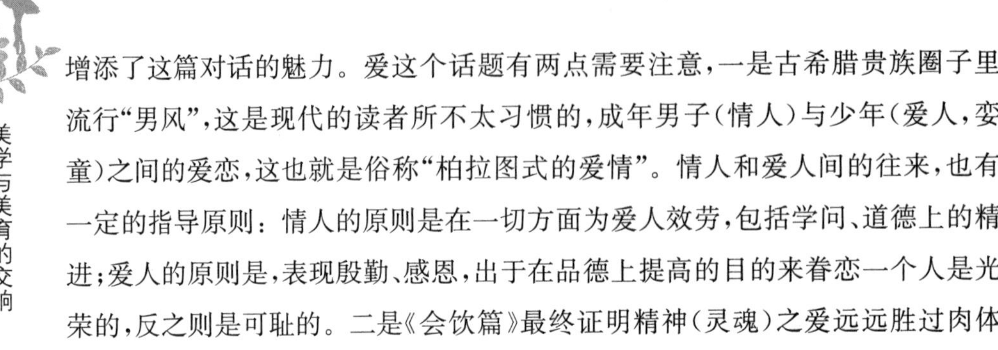

增添了这篇对话的魅力。爱这个话题有两点需要注意，一是古希腊贵族圈子里流行“男风”，这是现代的读者所不太习惯的，成年男子（情人）与少年（爱人，娈童）之间的爱恋，这也就是俗称“柏拉图式的爱情”。情人和爱人间的往来，也有一定的指导原则：情人的原则是在一切方面为爱人效劳，包括学问、道德上的精进；爱人的原则是，表现殷勤、感恩，出于在品德上提高的目的来眷恋一个人是光荣的，反之则是可耻的。二是《会饮篇》最终证明精神（灵魂）之爱远远胜过肉体之爱，同理，灵魂中的美比身体上的美更为弥足珍贵。

我们的确也很难想象，谈爱可以绕过美来进行。在《会饮篇》中，苏格拉底首先确认“美不是爱”，他的前提是，爱就是爱一个人渴望的东西，他渴望的东西是他所没有的东西。正如一个高大的人不会再渴望高大；一个强壮的人也不会再渴望强壮；一个人若拥有了美，便不会盼望美。爱神既然渴望美，这说明他自己没有美，他所爱的就是自己缺少的、匮乏的，爱神爱美，说明他不是美，也不拥有美。但是在现实生活中，人们常常由于预料到现在拥有的美终将消逝，或者想要拥有更高级的美而忧心忡忡，可见苏格拉底说的那种拥有了就不再渴望的东西，其实是更为本质且永恒的东西，一朝拥有它，便永不会消逝。

谈话中的希腊爱神厄洛斯（Eros）对应罗马神话中的丘比特。跟我们通常的认知有所不同的是，爱神并不是美神所生，厄洛斯并不是阿佛洛狄忒的儿子。柏拉图从狄奥提玛那里听来的版本是，厄洛斯不是阿佛洛狄忒所生，而是在阿佛洛狄忒的诞生那日，众神摆宴庆祝，当时穷神（匮乏神贝尼娅）向他们做节日例行的乞讨，碰巧富神（丰饶神波若）多喝了几杯，来到宙斯的花园里倒头就呼呼熟睡过去。穷神想想自己这般潦倒模样，有心要同富神生个孩子，于是便主动挨着富神躺下，果然富神怀上了爱神厄洛斯。

由于爱神在美神生日那天投的胎，因而他天性爱美，阿佛洛狄忒本人就美，因此理所应当，爱神成了美神的小跟班，爱与美如影随形。由于爱神是丰饶神与匮乏神的儿子，因此他处在这样一个境遇中：自身永远贫乏，不修边幅、赤脚，又无家可归，与此同时，他永远追求美的和好的东西，精力充沛又爱智慧，不穷也不富，追求美而摒弃丑（老），因此爱介于美和丑之间。同理，智者也不会刻意去追求智慧，因为他的智慧已然充足。无知者当然也不会去追求智慧，因为无知的毛病恰恰在于，尽管自己无知无识，却自以为已经够了，这里就见出无知者的可恶，而爱智者则介于有知和无知之间，他有正确的意见却说不出所以然来，这样一种界分仿佛在提醒世人，应该多少具有些哲学家的修养。

《会饮篇》作为一篇探讨美学问题的文章，最重要的贡献是将美分出等级，并且这个等级是以孜孜追求个别的美的形体为起点，直至由以美为对象的知识，发现美的理念方才宣告登顶。我们虽不能瞬间登顶，欣赏到最高等级的美，但至少有这样一个美的阶梯可供攀爬、求索。这个美的阶梯由下至上依次是：个别的美的形体，一切美好的形体，美的普遍形式，心灵的美，言语、行为的美，风俗习惯及制度的美、各种学问知识的美（如：数学知识、纯粹音乐），思想、智慧的美，一步步拾级而上，最终抵达"美本身"，"美本身"会是什么模样呢？这位来自东方的女先知狄奥提玛，作为智慧的彻底拥有者，做了一番颇具抒情意味的表述：

> 一个人如果一直接受爱的教育，按照这样的次序一一观察各种美的东西，直到这门爱的学问的结尾，就会突然发现一种无比奇妙的美者，即美本身。苏格拉底啊，他为了这个目的付出了他的全部辛劳；它首先是永恒的，无始无终，不生不灭，并不是在这一点上美，在那一点上丑，也不是现在美，后来不美，也不是与这相比美，与那相比丑，也不是只有这方面美，在别的方面丑，也不是在这里美，在那里丑，或者只对这些人美，对别人丑。还不止如此，这美者并不是表现于一张脸，一双手，或者身体的某一其他部分，也不是言辞或知识，更不是在某某处所的东西，不在动物身上，不在地上，不在天上，也不在别的什么上，而是那个在自身上、在自身里的永远是唯一类型的东西，其他一切美的东西都是以某种方式分沾着它，当别的东西产生消灭的时候，它却无得亦无失，始终如一。①

通过这样一番感性的描述，我们基本上能够把握这种最高的"美"，也就是美本身，它乃是一种无条件的美、纯粹的美、绝对之美、永恒之美。当然，我们也能

① ［古希腊］柏拉图：《会饮篇》，王太庆译，商务印书馆，2013，第68-69页。

够看到对“美本身”的界说，实际上贯穿着柏拉图的“理念”（idea，又译为“相”）论。柏拉图在《理想国》（卷十）中用“三张床喻”来阐明理念。凡一系列个别事物，都拥有一个共同名称，那么这个名称，就是这一类事物的理念。例如，世界上的床多得数不胜数，而床之为床的理念只有一个，工匠依据理念制作出床（个别的床），画家也能“在某种意义上”制作一张床（床的影子），但是谁造出真正意义上的床呢？那就只能是神了，神造出的是“自然的床”，即床的本质（床的理念）。因此，工匠、画家、神造出来的三种床，也是有等级的：第一等的床是神造的床，是床的理念（本质），只能有一个，是真理所在；第二等的床是工匠制作的床，是模仿了床的理念造出来的，同真理隔了一层，但它毕竟真实，因此工匠也可称为床的制造者；第三等的床是画家画出的床，模仿的是工匠造出来的床，是对事物影像的模仿，与真理隔着两层，只能把握事物的表象，而且是表象的一小部分，因此真实性较低，只能哄骗小孩。这与我们现代人的观念是有一定差异的，现代人认为画家的作品，是体现他自身价值的艺术创作，或者说，是他的某种观念、思想、情感的表达，具有一定的真实性。但是在柏拉图那里，画家、诗人等，即便拥有高超的模仿技艺，但也当不上创造者的称号，而是受到轻视的模仿者，甚至要被逐出理想国。

以柏拉图的理念论作为铺垫，我们才能真正理解，缘何人类之爱的最高点是对一切具体的形象、行为和观念的超越，下面将重点探讨的苏格拉底的精神助产术，以及《大西庇阿斯篇》对美的本质的形而上追问。

二、苏格拉底的精神助产术

苏格拉底的精神助产术，或曰苏格拉底的辩证法，首先是一种怀疑的方法。据柏拉图的记载，德尔菲神庙传回来一道神谕——苏格拉底是雅典最具智慧的人，但是苏格拉底本人知道自己是没有什么智慧的，为了证明自己的结论，苏格拉底到处寻找比他更有智慧的人，他去找了政治家、诗人和工匠等。经他一一访问后，终于认识到，所有自认为有智慧的人，其实并不智慧，反倒证明自己的确是智慧的，因为他承认自己无知。这样苏格拉底就确立了“知道自己无知”这个命题。这个命题中还蕴含着一个重要思想，即新的见解往往是从怀疑开始的。人们只有承认自己的无知，感觉到自己思想上“一贫如洗”，才可能从贸然的意见中解放出来，从而为接受智慧提供前提。

其次，精神助产术是一种对话的方法。柏拉图并不做长篇大论，而是在讨论问题的过程中，通过各种意见的对立和冲突，从中不断揭露矛盾、化解矛盾，最后接近或抵达真理的方法。苏格拉底的方法论提出了舍个别而求一般的重要问题。从这一点上，苏格拉底的对话不同于我们现代人的辩论比赛，因为在观看辩论的时候，观众常常觉得正反两方各有道理，其中一方胜出，并不能说明另一方的观点完全站不住脚，因为正反两方均为意见。苏格拉底的对话目的不是赢过对手，而是为了揭示真理，从个别到一般，获得关于事物本质的认识。

以《拉凯斯篇》中的对话为例：拉凯斯是位将军，曾在伯罗奔尼撒战争中与斯巴达人作战，备受雅典人的尊敬。苏格拉底在露天的广场与其邂逅时，忍不住问他，什么是勇敢？拉凯斯答道，在战场上勇往直前、英勇杀敌是勇敢。但是苏格拉底记得，素以勇敢著称的斯巴达人，在与波斯人对战时曾佯装逃跑，导致敌方在追击中打乱了队伍，然后斯巴达人再转回身去，从而打赢了普拉蒂亚战役。这令拉凯斯不得不深思，再给出新的答案。苏格拉底总是能在谈话中牵着对方的鼻子走，直到最终把他套牢在一个话题之中，令对手自缚于矛盾，而从思想之困厄中获得新见解。

古希腊喜剧作家阿里斯托芬在《云》中为雅典人塑造了一个角色，其原型就是苏格拉底，批判他对一切常识都没完没了地刨根问底，令论敌哑口无言、一筹莫展，甚至发狂。依照苏格拉底的看法，普通人满足于常识性的认知，但在某些问题上，常识更为值得深究，许多被人普遍接受的观点，很可能漏洞百出。他开出的药方是：帮助人们察觉到主观感觉的混乱，排除自以为是的意见和个别的偶然的东西，进而确立普遍的原则。我们从柏拉图《苏格拉底的申辩》中得知，苏格拉底于公元前399年在雅典被判死刑，而他的“罪名”(实乃诽谤)是误导青年、颠倒黑白和不敬神。在《裴多篇》中，苏格拉底面对死刑大义凛然，他本有逃往其他城邦的机会，或从此不再与人在雅典街头论道，但他毅然选择死亡，坚持自己的信念。这个信念来自他的哲学——对于智慧和正义的热爱。

20世纪法国哲学家、解构主义大师雅克·德里达(Jacques Derrida，1930—

2004)，将自苏格拉底、柏拉图以降西方哲学的这套方法概括为“语音中心主义”，或者曰“逻各斯中心主义”。解构主义之解构，沿袭的是尼采与黑格尔对西方形而上学的批判。在德里达这里，批判的焦点在于西方形而上学重视言语而轻鄙文字的传统。柏拉图为认为，口头语言和书写符号之间存在巨大差异，书写下的文字是僵死的，它不能为自己进行解释和辩解，言语则是活生生的，是更为本质的，因为它可以为自己辩护，知道在什么情况下该进行恰当的言说。总之，言语优于文字，真理外在于符号。德里达在《柏拉图的药》中试图证明，言语与文字并非对立，而是相互补充的关系，言语转为文字后，在主体已不在场的情况下，也具有扩散和增值的意义。

我们知道苏格拉底本人未著一词，柏拉图对话录中苏格拉底所说之言未必尽出于其口。《斐德若篇》中苏格拉底向斐德若转述他听来的一则传说：埃及有位擅长发明的古神名叫塞乌斯，他发明了文字、数字、算术、几何、天文等许多东西，当然最主要的发明是文字。这时候埃及在萨姆斯统治下，有一天塞乌斯来见埃及国王萨姆斯，一一献上他的发明，轮到文字时塞乌斯特别关照说，他这件发明可以使埃及人更加聪明、博闻强识，以期受到更好的教育，因为它是医治记忆的一剂良药！没想到国王萨姆斯偏偏谢绝了文字，理由是：

> 你这个发明结果会使学会文字的人们善忘，因为他们就不再努力记忆了。他们就信任书文，只凭外在的符号再认，并非凭内在的脑力回忆。所以你所发明的这剂药，只能医再认，不能医记忆。至于教育，你所拿给你的学生们的东西只是真实界的形似，而不是真实界的本身。因为借文字的帮助，他们可无须教练就可以吞下许多知识，好像无所不知，而实际上却一无所知。还不仅此，他们会讨人厌，因为自以为聪明而实在是不聪明。①

概言之，文字是用支离破碎的死气沉沉的记号，替代生机勃勃的活的经验、真理，对于记忆、教育皆无益。文字好似拿一面镜子来观照世界，镜子里无所不

---

① [古希腊]柏拉图：《柏拉图文艺对话集》，朱光潜译，安徽教育出版社，2007，第159页。

有，实际上却是一无所有的影像，不足以信任。虽然柏拉图是文字大师，他本人与他的老师苏格拉底的思想能够为后人所知主要还是依凭文字，但是我们可以想象一下，他本人的知识是否多半通过口授、对话而来，因为在柏拉图系统用文字记述哲学之前，希腊哲学还是在口授传统和语录式的文字里面流传的。这种由对话抵达真理的方式，虽为后世的哲学家所诟病，但其重视真理的内在性，真理或知识不应被文字符号所役的主张，亦值得现代人深思。

三、《大西庇阿斯篇》：美的本质

《大西庇阿斯篇》同样是一部对话体作品，专以美为主题。对话的双方，一位是谦虚又爱发问的苏格拉底，另一位是自高自大的希腊贵族西庇阿斯。《大西庇阿斯篇》主要讨论的是美的本质问题，所以《大西庇阿斯篇》又叫《论美》，其实柏拉图还有一篇对话是关于西庇阿斯的，叫《小西庇阿斯篇》，谈的是罪起源于无知。《大西庇阿斯篇》较长也较早，其中充满了苏格拉底的辩证智慧。

在《大西庇阿斯篇》中，苏格拉底向西庇阿斯郑重地提问：什么是美？并且强调这个问题是别人来询问他的，但是他答不上来，所以来求助眼前的这个有才能的人。西庇阿斯跃跃欲试，觉得问题小而简单，便信手拈来一个答案，即美是一位漂亮小姐。苏格拉底不满意，提醒他说人家问的是美本身，西庇阿斯当然没有悟透这一点，于是苏格拉底继续启发他，难道一匹漂亮的母马不美吗？西庇阿斯当然承认一匹母马有它的美。苏格拉底又问，一架竖琴有没有它的美？西庇阿斯继续点头称是。接着，苏格拉底又举出一个美的汤罐，这个时候西庇阿斯虽然没办法否认，但是有点被惹恼了，一个汤罐如果做得好，是有它的美，但是他认为美是有等级的，这有些类似于我们当下的“颜值论”，认为人的容貌也是可以分出等级的，人的容貌有高低之分，甚至可以精确到某种数值。

西庇阿斯认为，汤罐的美比不上母马的美，母马的美也比不上年轻小姐的美。西庇阿斯不会想到他那个时代的日用陶器，在两千多年后会作为艺术品陈列在博物馆中，由观者的凝视被赋予一种神圣之美。苏格拉底则把西庇阿斯的等级说推向极端。他讲道，年轻小姐比起神仙，就像汤罐比起年轻小姐一般，再美的小姐比起女神都是丑的，那么就是说年轻小姐又美又丑，她如何能称之为

"美本身"呢？这个时候问答的第一回合结束，西庇阿斯惨败。我们能从这一段对话当中总结出：个别的美的事物，它是经不起推敲和比较的，个别的美的事物，不能代表一切美的事物，而且在个别的美的事物的相互比较中，我们会发现个别事物的美是不恒定的，不仅因为它时而美、时而丑，而且因为它既美又丑，绝不能作为美之为美的原因，即苏格拉底实际所追问的美的本质。

第二回合开始，苏格拉底进一步说明何谓美的本质——"美本身"，那就是若将它的特质传给一样东西，于是那件东西就能够成为美的东西，这就如同把盐溶入水中，只要沾上一些盐，水就变咸了，或者类似童话书中仙子所持的魔杖，魔杖只需轻轻一点，一切便都焕然一新。西庇阿斯听到柏拉图的这番解释后，恍然大悟，这不简单嘛，就是黄金啊，凡物加上一点黄金，得到黄金的点缀，就显得美了。西庇阿斯认为黄金是美本身，是因为黄金贵重，可用于置换其他物品，还是它金光闪闪的外表让人觉得美？由金子制作的饰品的确非常美丽，但过去曾有人镶上金牙，为的是彰显富贵，还故意露齿而笑，但我们并不觉得美。西庇阿斯以黄金作为美本身，这个答案看上去还是勉强得很。苏格拉底也立刻举出一个反例，古希腊大雕刻家菲迪亚斯雕刻的智慧及战争女神雅典娜，没有用哪怕一点儿黄金，而使用的是象牙，依西庇阿斯的看法岂不是犯了选材的错误。于是，西庇阿斯只能承认，象牙也是美的，苏格拉底接着刁难他，菲迪亚斯雕刻雅典娜的眼珠用的是云石，云石与象牙搭配起来恰好相得益彰。西庇阿斯只好承认，只要使用得恰当，就是石头也是美的，而不恰当就是丑。西庇阿斯总算给出了一个更具有普遍性的答案，那就是"使每件东西美的就是恰当"。

这里虽然还没有涉及数学比例关系，只是说某物使用得恰当，放在合适的位置就是美的。但是"美在恰当"这个观点放在现时代来看，我相信也能获得许多人的同意，我们在生活中经常说，"美在比例协调""美在搭配得恰到好处"，就非常接近"美在恰当"。在生活中，我们经常看到，一些人虽然五官分开看都是标致的，但是从整体上看，却给人一种不和谐的、别扭的感觉；也经常听到，人们在谈论美人或美好的事物时说："增加或减少一分，都会损伤它的美。"

"美在恰当"这个美学观点与古希腊的审美原则——"统一性原则"——也有着内在关联。我们可以看到，在古希腊黄金分割被广泛运用于艺术领域中，人体雕塑也是符合黄金比的，头与身的比例基本上是 1∶8。雅典卫城中的帕特农神庙是古希腊建筑的典范，它的和谐与优美被无数人称颂，通过对神庙尺寸数据的详细分析，可以看到神庙在平面上的长宽比、圆柱底径与各圆柱中心轴线间的比例、水平檐口高度与台基宽度等方面，均存在一个非常接近 0.618 的黄金分割比例的数据，显示了设计者对最佳视觉比例关系的熟练掌握。

但是，苏格拉底对于“美在恰当”这个定义显然是不满意的，紧接着问了一个更困难的问题：对于陶制的汤罐来说，是金汤勺恰当还是木汤勺恰当呢？木汤勺可以叫汤有味，又不会打破罐子、泼掉汤，这是不是说对于汤罐而言，木汤勺比金汤勺更美呢？这等于是让西庇阿斯承认，自己刚才说的金是美本身是有问题的。这段对话其实揭示出了我们在日常生活中经常体会到的美的相对性，同一种事物在不同的情形下所彰显的美的层级是不同的，或者它只是在此处美、换一处就不美了。西庇阿斯终于明白了苏格拉底的意思，他问的是这样一种美，从来对任何人不会以任何方式显得丑。

于是西庇阿斯转换了思路，不再把对美的说明局限于具体的物件，而是将话题引到了人和事。讲的是世俗生活中通常所认为的幸福美满：一个人家里钱多，健康长寿，还受世人尊敬，自己替父母举行隆重葬礼，死后又有子女替自己举行隆重的葬礼。在西庇阿斯看来，这便是一个凡人能够拥有的最高的美。但是，苏格拉底非常较真，他再次申明，自己问的是美本身，而这美本身加到任何一件事物上面，就使那件事物成其为美，不管它是一块石头、一块木头、一个人、一个神、一个动作，还是一门学问。苏格拉底仿佛恨不能拿个扩音器对准西庇阿斯高喊：我说的是美—本—身，而非美的个别事物，更非一时一境的美。

西庇阿斯当然不服气，他说自己讲的那件事，正是对一切人都是美的来说呀。苏格拉底立刻提出反驳的理由，这样的事仅仅对于凡夫俗子是美的，对于神却并不美，例如，对于希腊神话中的半人半神的英雄阿喀琉斯而言，自己葬父母，子孙葬自己，并不是美的事情，而他征战特洛伊，最终战死沙场，为自己赢得尊严和荣誉才是美的。西庇阿斯表示，自己说的这件事并不适用于神，只适用于人。苏格拉底怎肯罢休，他认为这样一来，自己葬了祖先，以后又让子孙葬自己，这件事对于某些人是美的，而对另一些人是不美的，因此它就成了时而美时而丑的事

情，自然也不是美本身。

这时，苏格拉底对西庇阿斯先前提出的美的定义重新检视了一番，从中挑出了“恰当之为美”这个定义，一个事物用得恰当就是美，用得不恰当便是丑。他下定决心想再来考察一下“恰当”是否可作为美的本质。西庇阿斯认为，所谓恰当，就是使一个事物在外表上表现得美的东西，他举出的例子是，其貌不扬的人穿起合适的衣服，外表就显得好看了。近两年有一档综艺节目《你怎么这么好看》，节目定位是治愈系生活类真人秀，节目中有一个大龄单身女博士，由于没有口红，因此从没化过妆，而被探访她的女明星大呼“不能理解”，震惊之情溢于言表。许多网友认为这个节目很肤浅。其实借西庇阿斯的“恰当就是使一个事物在外表上显得美”这个说法，可以深入探讨一下节目的肤浅之处。

自古爱美之心人皆有之，但如果认为通过改变了一个人的外表，就能彻底地改变他(她)的生活，让单调无味的生活变得更丰富多彩起来，就显得有点滑稽了。事实常常是，一个人的生活变得丰富多彩后，尤其是内部安定充实以后，外表也会变得富有魅力。当一个人非常自信的时候，外表上的修饰、装扮只是锦上添花的事情，即使是素面朝天都不会减损其魅力。这里补充一下，美学史上后来也有对“合适之为美”这个命题的探讨，18 世纪的德国美学家席勒，有一个很有意思的说法：就一个人的着装而言，如果衣服的自由没有由于身体受到损害，同时人的身体也没有由于衣服受到损害，给人的感觉就是美的。

如果说“合适＝美”，那么只意味着使一个事物在外表上显得美。苏格拉底认为，它作为美的定义是不够的，因为美应该是一切美的事物有了它，就称其为美的那个品质，而不管它外表是什么样，如果恰当仅仅是使事物外表显得比它实际美，那么它不是真正的美的本质。西庇阿斯再来补充，恰当使一切有了它的事物不但有外表美，而且有实际美，也就是说，实际美的事物在外表上也是美的。苏格拉底认为，这就有问题了，比如制度、习俗假使它拥有实际上的美，但并不一定在任何时代被舆论公认为美(受赏识)。苏格拉底进一步强调，“恰当”这同一个因，不能同时产生两种果，即同时让一个事物具有外表美与实际美。

接下来，苏格拉底自己提出了一个关于美的定义：美就是有用。美的眼睛一定是明亮的眼睛，美的身体必然是灵活健硕的身体，美的交通工具、美的技艺、美的制度习俗等，也都遵循同一个原则：可以助我们达到某种目的，反之，如果它毫无用处，我们就说它丑。苏格拉底进而推论出，拥有知识是美的，而无知就是丑的。但他随即意识到，这个说法也是有问题的，比如人们做坏事的知识、能力，虽然有用，但用于坏的目的，如何能够称之为美呢？因此，有用就不能是美本身了，或者说，只有一种情况有用的才是美的，即效能就它们实现某一个善的目的而言才是美的。

美是有用，这个定义在日常生活中也会遇到很多挑战。现当代著名美学家朱光潜先生在《谈美》中曾以欣赏古松为例阐明，若要真正体会某物的美，你首先要去除实用的、功利的态度，同样也要摒弃科学的、纯然客观的态度，因为这两种态度都不能停留在对古松本身的审美欣赏上。2017 年，由沈严执导的电视剧《我的前半生》里面有这样一段情节，罗子君让朋友贺涵帮忙，在下雨天开车送她回家，理由是她的鞋底是羊皮的，不能沾水，然后贺涵问她，既然不能沾水为何要穿这样的鞋子出门，罗子君的回答特别理直气壮：因为好看。这一段有意思的情节说明，在现实生活当中，在许多人的观念里，美（好看）与实用常常是不能兼得的。

随着对美本身的探讨层层深入，苏格拉底又提出了一个新的定义：有益的就是美的。这是对"美是有用"观点的完善，接下来对话进入概念的思辨环节。如果说"美和有益是一回事"，而所谓有益就是会产生好的结果，产生结果的叫作原因，那么美就成了好（善）的原因。换言之，好（善）是由美所产生的，原因与结果不是一回事，美就不等同于善了。然而，不论是苏格拉底还是西庇阿斯都不愿意承认这一点——美则不善、善则不美。这里体现出古希腊流行的美学观念——真善美相统一。

"统一"或"同一"是典型的哲学概念，具有同一关系的对象，它们相互一致，相互依存。《会饮篇》指出，最高的美是"美本身"，即"美的理念"。对于人而言，一旦达到能够关照"美的理念"的境界，那么一切黄金、华服、佳人等心爱之物便会显得微不足道。"美的理念"当然具有一般"理念"的属性，它是最真实的东西，永恒且不朽，一切美的事物都以它为源泉，唯有心灵之眼才可望见它。如此，美与真，两者便统一了起来。

《理想国》中谈及"理念"时，引出了一则洞穴隐喻：假定有一个地洞，地面上光线可以照进来，洞里有一些囚徒自幼被缚住手脚，无力扭过头来，只能看到面前的洞壁。有人在地上生火，火与囚徒之间有道矮墙，一些戏子举一些傀儡在矮墙上面手舞足蹈，火光乃将傀儡的影子投射到洞壁上面。对于囚徒来说，这影子就是他们的真实世界，他们满心以为真实就是活泼的洞壁阴影。然后有人挣脱绳索，走出洞穴，他会眼花缭乱，双目直冒金星，但是适应过来以后，他就看到了自然光与太阳，看到了蓝天白云之下的大千世界，理解了正是太阳产生四季交替，主宰着可见世界的一切事物，是为世间万事万物的本因。

在这则隐喻中，洞穴如同"可见世界"，洞穴上面的世界为"可知世界"，太阳是挣脱束缚的囚徒在"可知世界"中最后看见的事物，而且是他要花费很大努力和耐心才能看见的东西。柏拉图将太阳寓指"善的理念"（至善）。太阳主宰着"可见世界"中的一切事物，并且是一切真确者和美者的原因。可见，善在柏拉图的哲学中拥有了至高无上的地位，以至美与真都位居其下。这里亦折射出真善美相统一的思想。

摒弃了"美是有用""美是有益"的定义后，苏格拉底紧接着提出：美就是由视觉和听觉产生的快感。很快他又自我反驳，习俗制度的美显然不是由视觉和听觉产生的一种快感。其实无论是来自听觉和视觉的快感，还是饮食色欲之类的快感，当然也穷尽不了美的本质。实际上柏拉图的这个问题我们永远也回答不了。

美是难的，是柏拉图借文学形象苏格拉底之口得出的最后结论。但这无损于《大西庇阿斯篇》在古代希腊美学中的重要地位。其中涉及的美学问题有：美的外观和美的本质的方方面面，美与善、美与真相统一的问题，美的绝对性与相对性等，本身都是极有价值的美学命题，唯有一点不可取，就是去寻找一个美的本体，并想办法去定义它。因为美实在只是一个形容词。但是这却暗暗契合柏拉图的理念论。

总之，在柏拉图《大西庇阿斯篇》中，他说美是难的，无法去定义它，同时又指出，美一定不能背离有益，从而将美与善统一起来，但是美又不是善，美也不是有益。他在《会饮篇》中强调爱欲本身不是美也不是善的同时，指出最高的美是美的理念，而理念是最真实的东西，唯有用心灵之眼才能看到，从而将美与真统一起来。最后，我们在《理想国》中看到，美和真都是位居善的理念之下的。而善的理念必然是“一切美和正确事物的原因”一语，已然显示了古希腊普遍流行的真善美同一的思想。

第二章　诗艺与悲剧

这一章主要围绕古希腊哲学家亚里士多德(Aristotle，前 384—前 323)的美学专著《诗学》来展开。《诗学》的主题是论诗，书中所论及的“诗”包括史诗、悲剧与喜剧，围绕此类诗艺还展开了对于艺术模仿问题、艺术社会功能的深入探讨。亚里士多德不仅指出了诗与其他模仿艺术的区别，而且从细部探讨了史诗与悲剧各自的结构与类型。因此，身处互联网新媒体时代，沉醉于各种精彩剧目的现代人，重读《诗学》不仅可以帮助我们了解古典诗艺，如荷马史诗的形式与结构、悲剧的本质与创作原则，而且有助于查考当今各种戏剧形式的希腊源头，进而深化对于现代悲剧形式与喜剧形式的理解。

亚里士多德是柏拉图的得意门生，出身于贵族，天资聪慧，17 岁起便跟随柏拉图学习，被誉为“学园之灵”。后来他在学术上也走出了自己的路子，在游历四方、经过长期的考察与研究(中间还担任了亚历山大大帝的老师)后重返雅典，49 岁时创办了学校“吕克昂”(Lyceum)。当柏拉图学院衰落后，亚里士多德的学院随之兴起①。由于他习惯领着学生在学校的庭院与走廊里边走边讲，因此他开创的学派又称“逍遥学派”。亚里士多德办学期间，一边授课一边写作，创立了西方哲学的第一个百科全书式的系统，他本人也成了跨学科研究的鼻祖。② 亚里士多德非常多产，横跨十多个领域，有哲学、物理学、生物学、天文学、修辞学、逻辑学、伦理学、政治学、气象学、心理学、文献学、文艺批评、农艺等，如此广博又跨界的研究，放到今日几乎是不可想象的。

---

① 参见[古希腊]亚里士多德：《尼各马可伦理学》，廖申白译，商务印书馆，2017，第ⅵ页。

② 参见[古希腊]亚里士多德：《诗学》，陈中梅译注，商务印书馆，1996，第 1-3 页。

亚里士多德首先是一位哲学家，他的美学思想须置于其哲学背景下，方能得到更为准确的理解与精确的阐释。亚里士多德曾说过一句名言，“吾爱吾师，吾更爱真理”。哈佛大学的校训也许就是从这句话演化而来的：与柏拉图为友、与亚里士多德为友、更要与真理为友。从亚里士多德的这句话可见，他与柏拉图的学术观点并不一致。柏拉图将世界划分为“可知世界”与“可见世界”，构成真实“可见世界”的基础是抽象的“可知世界”，而亚里士多德则认为，物质世界的存在是第一位的，其他则作为物质的属性而存在①。例如，红色的物体要先于红色而存在，因为红色的存在仅仅是因为存在着红色物体。

亚里士多德认为，科学讨论的是真实存在的事物，科学可分为三大类：理论的或思辨科学、实践科学与制作科学。理论科学下属的分支为神学、数学与自然科学，神学当中又包括形而上学（metaphysics，字面意思是“物理学之后”）和逻辑学。形而上学很长时间以来是哲学的代称，亚里士多德几乎不用“形而上学”这个术语，而是用“第一哲学”来替代。“形而上学”这一译名出自《易经·系辞》，“形而上者谓之道，形而下者谓之器”。这句话反映了“形而上学”所讨论的基本内容。理论科学的总体特征是：所探究的知识以自身为目的，换言之，科学事业是为了求知而求知，而不是为了任何实用的目的；所探究的知识是最具有普遍性的知识。换言之，科学实践是对不变的、必然的事物、事物的本性的思考，是不行动的活动、是深思的活动。

实践科学当中有政治学和伦理学。亚里士多德撰写过许多与伦理学相关的对话、著作，流传至今的共有 3 部，当中《尼各马可伦理学》最为著名，书名由来，或者是因为他想以此书纪念其父亲老尼各马可，或者是因为此书是由他的儿子小尼各马可编辑成的。无论如何，这本书的内容比较有系统，思想也较为成熟。②我们在《尼各马可伦理学》中可以找到很多现代思想的萌芽，例如，亚里士多德认为，人的活动具有特殊的性质，它区别于动植物的活动的地方在于，人的灵魂的合乎逻各斯（logos）的活动与实践，这个逻各斯就是理性，也就是说，理性是人特有的，人的活动的特殊性在于其拥有理性，人的活动又被称为实践的生命的活

---

① 参见[英]巴恩斯：《亚里士多德的世界》，史正永译，译林出版社，2013，第 67 页。

② 参见[古希腊]亚里士多德：《尼各马可伦理学》，廖申白译注，商务印书馆，2017，第 xvi–xvii 页。

动。实践科学的总体特征是：基于某种目的来行动，并且相信通过自身的努力可以改变事物的状态；它们常常以某种外在善为目的，如财富、荣誉等，其意义体现在行动或活动本身，尽管它不直接指导具体的生产和制作活动。

制作科学里有诗学与修辞学。古希腊人对诗和诗人的评论始于公元前 6 世纪，亚里士多德的老师柏拉图对诗和诗人曾进行过多次抨击："在严词鞭挞之余，柏拉图对学人们发出了如下挑战：如有哪位懂诗的学者能够证明诗不仅可以给人快感，而且还有助于建立一个合格的政府和有利于公民的身心健康，我将洗耳恭听他的高论。"①亚里士多德的《诗学》很可能是对这一挑战的应答，但诗学的意义不限于此，它具有极高的学术价值，是西方现存最早的一篇高质量的、较完整的论诗和关于如何写诗的专著。在西方的高等院校里，它是文科教授们案头常备的参考书，也是一些专业的学生必读的古文献。《诗学》讨论了一系列值得重视的理论问题，例如，人的天性与艺术模仿的关系、构成悲剧艺术的成分、悲剧的社会功能、悲剧和史诗的异同等。② 制作科学的总体特征是，基于某种外在目的而使某事物生成，其目的体现在制作活动以外的产品上，并且那目的显得比活动本身更重要。

要理解《诗学》，首先要明白在古希腊人那里何谓"诗艺"，它其实可以直译为"制作的艺术"，诗人是制作者，而诗则为制成品。从词源上来看，古希腊人并不将诗看成严格意义上的创作，或创造，而是将其看成一个制作的过程，诗人作诗，就如同鞋匠做鞋一般，两者都是凭靠自己的技艺，生产或制作社会需要的东西。另外，诗这门艺术，是以语言进行模仿的艺术，使用的是无音乐伴奏的话语或格律文。但是，一个人是否被称为诗人，并不是因为它使用了格律文，因为当时也有人使用格律文来撰写自然科学、历史或医学等方面的论著，例如哲学家恩培多克勒著有哲学诗《论自然》，由六音步长短短格写成，但它终究与荷马的作品相去甚远。

《诗学》的篇幅虽然不长，商务印书馆出版的陈中梅先生的译本，除去引言、说明、内容提要等内容，主体部分仅有 160 多页。但其中涉及的学术问题的深度与广度，都远远超越了诗艺本身，本节重点论述的模仿问题与悲剧理论，具有可

---

① 参见[古希腊]亚里士多德:《诗学》，陈中梅译注，商务印书馆，1996，第 7 页。

② 同上。

贵的创新意义，在世界文艺评论史上也有极高的地位。

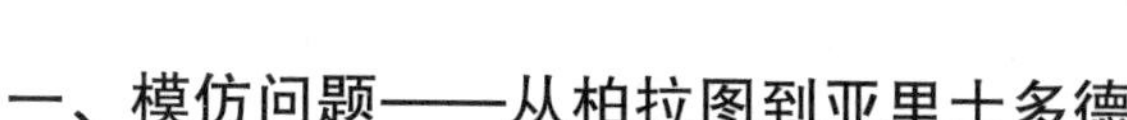

一、模仿问题——从柏拉图到亚里士多德

模仿亦作摹仿，模仿问题是与我们当下的生活关联最为密切的美学问题之一。单从《演员的诞生》《演员请就位》《我就是演员》等演技竞演类综艺节目的持续热播，便可看出人们对于演员以及演技本身的热切关注。一般认为，演员演技的好与坏，很大程度上取决于他（她）是否具备高超的模仿能力，不仅演员在表演中需要模仿剧中角色，绘画、雕刻、舞蹈，乃至文学创作都需要有将其呈现的对象刻画得惟妙惟肖的技能，即模仿的成分。

西方诗学和艺术哲学在其古典阶段，一言以蔽之曰“模仿理论”。从学理的层面来看，究竟什么是模仿，模仿的精髓何在？我们可以首先通过柏拉图在《理想国》卷十中细致描述的“三张床喻”来获得关于模仿的第一印象。

柏拉图认为，凡一系列个别事物拥有一个共同名称，那么这个名称就是这一类事物的理念，或曰“相”。“相”是由“神”造出来的。柏拉图的“神”是至高无上的存在，神不仅能造每一种器物的“相”，如床的“相”或桌子的“相”，以及与之相关的器物。而且能造植物、动物，以及一切其他事物——大地、天空。画家依照床的理念或木匠造的床画出的床，即画家关于床的作品，在现代人看来，这无疑是艺术家独具匠心的创造，是但在柏拉图那里，艺术家绝不能称之为床的制造者或创造者。由此引发了他大名鼎鼎的“三张床”的先后等级说：第一张床是神造的床，是真理之所在，具有唯一性；第二张床是木匠造的床，它是模仿了床的理念造出来的；第三张床是画家画的床，画家只是模仿者。

柏拉图从谴责画家是模仿者，过渡到对一切模仿者，包括诗人，都进行了颇为严厉的抨击。他几乎是粗暴地将画和诗视为仅仅是对现实世界的最为粗浅的、表面的模仿。诗人，例如荷马，他看上去对技艺、人事样样通晓，实际上是一窍不通，他经由模仿所得的二手知识只是镜花水月，没有任何实际功效。由此，柏拉图展开了对荷马的著名攻击：

> 亲爱的荷马，如果像你所说的，谈到品德，你并不是和真理隔着三

层，不仅是影像制造者，不仅是我们所谓模仿者，如果你和真理只隔着两层，知道人在公私两方面用什么方法可以变好或变坏，我们就要请问你，你曾经替哪一国建立过一个较好的政府，像莱科勾对于斯巴达，许多其他政治家对于许多大小国家那样呢？世间有哪一国称呼你是它的立法者和恩人，像意大利和西西里称呼卡雍达斯，我们雅典人称呼梭伦那样呢？①

柏拉图对诗人荷马的责难，从治理国家的话题开始，最终落脚到了教育，并且得出一个结论，诗人作为模仿者，既不能治国理政，也无法立德树人。因此，在柏拉图的心目中，理想的城邦是不欢迎诗人的，理由是诗人只懂得模仿，并且还是影像的模仿者，完全不知道真实为何物，如同画家完全不懂得鞋匠的手艺，却能画出鞋匠的肖像来。柏拉图《理想国》卷十的最后得出的结论是：诗人和画家同属一类人，他们的作品与真理无涉；他们努力逢迎人性中最低劣的部分——感性，而真正优秀的人，或者说对国家有益的人，应当是理性的、懂得节制的人。因此，一个安定有序的理想城邦，有充分的理由拒绝诗人。

柏拉图指出的诗人的罪状，其实也是诗人的魅力所在，即他所创作的作品能够调动人内心的自然情感。柏拉图举出的例子是："听到荷马或其他悲剧诗人模仿一个英雄遇到灾祸，说出一大段伤心话，捶着胸膛痛哭，我们中间最好的人也会感到快感，忘其所以地表同情，并且赞赏诗人有本领，能这样感动我们。"②古希腊荷马史诗《奥德赛》（又名《奥德修斯》）中就有这样的情节。特洛伊战争结束后，希腊战士们纷纷回归故乡，只有足智多谋的奥德修斯（曾多次献计，屡建奇功；献木马计，攻破特洛伊；重视当下的存活，被称为日常化的英雄）在海上漂流未归，经历几番坎坷、磨难，根本原因是他得罪了海神波塞冬，刺瞎了波塞冬的儿子，海神不愿与他和解，但也不敢毁灭他，于是令他在海上历险十年，最终在众神的护佑下漂到一个岛国，被这个岛国的国王设宴招待。席间盲人歌手唱特洛伊战争的故事，其中也有奥德修斯本人的英雄事迹，他听罢掩面哭泣。柏拉图认

---

① ［古希腊］柏拉图：《柏拉图文艺对话集》，朱光潜译，安徽教育出版社，2007，第83页。

② 同上书，第92页。

为，如果受了悲剧诗人的影响，当我们自己在生活中遭遇不幸时，也会失掉克制冷静的男子汉作风，就像诗人叙述的那样，一时间放纵情感、涕泪交流，这不但于事无补，而且还容易引发感伤癖。如此一来，柏拉图向学人们发出了上文所提到的挑战，即邀请那些懂诗的学者去证明，诗人不仅可以给人快感，而且还有助于建立一个合格的政府，也有利于公民的身心健康。

亚里士多德的《诗学》很可能是对柏拉图这一挑战的应答之作。在《诗学》的开篇，亚里士多德便把讨论的主题设定为对“诗艺”本质的探寻。那么诗与非诗，如诗与自然科学、历史的根本区别是什么呢？我们同样以荷马为例，荷马描写了人物丰富的内部经验，但是我们不称他为心理学家，他描写了特洛伊战争这一历史事件，但是我们也不说他是历史学家，可为何对他的“诗人”称谓没有疑义呢？首先我们须得承认，自然科学家，还有历史学家，都不经由模仿而制造，他们的著作中没有模仿，诗人跟他们的区别不在于是否用格律文来写作，而在于他描写“可能发生的事”而不是“已经发生的事”，如：历史学家通常按年代把一段时间内发生的事情全部记录下来，因此诗更有哲学性，它比历史要高、要更严肃，诗表现具有普遍性的事，而历史则记载、叙述个别的事件。具有普遍性的事是指，“根据可然或必然的原则某一类人可能会说的话或会做的事”①；某类人依照的“可然的原则”是指，某事的发生具有可能性；某类人依照的“必然的原则”是指，某事的发生具有必然性。总而言之，在亚里士多德看来，文艺模仿的一个基本特征是，需要揭示人物行动的内在逻辑与情节展开的普遍规律，即便发生出人意料之事，也要能够表明偶然之事的前因后果。

可见，亚里士多德从呈现普遍规律的角度，对诗艺的价值进行了重估，此番重估固然离不开他对“诗艺”产生原因的探寻。他指出，“诗艺”的产生与人们喜爱模仿的天性有关：

> 首先，从孩提时候起人就有摹仿的本能。人和动物的一个区别就在于人最善摹仿并通过摹仿获得了最初的知识。其次，每个人都能从摹仿的成果中得到快感。可资证明的是，尽管我们在生活中讨厌看到

---

① ［古希腊］亚里士多德：《诗学》，陈中梅译注，商务印书馆，1996，第81页。

> 某些实物，比如最讨人嫌的动物形体和尸体，但当我们观看此类物体的极其逼真的艺术再现时，会产生一种快感。这是因为求知不仅于哲学家，而且对一般人来说都是一件最快乐的事，尽管后者领略此类感觉的能力差一些。因此，人们乐于观看艺术形象，因为通过对作品的观察，他们可以学到东西，并可就每个具体形象进行推论……倘若观赏者从未见过作品的原型，他就不会从作为摹仿品的形象中获取快感——在此种情况下，能够引发快感的便是作品的技术处理、色彩或诸如此类的原因。①

亚里士多德与柏拉图不同，他没有将艺术模仿与人的感性自然倾向挂钩，而是将人自打孩童起就显露出的喜爱模仿的天性，与人的求知本能和广义上的学习联系在了一起。这样一来，人们从模仿中得到的快乐，实乃满足了求知欲后的快感。亚里士多德对于模仿的理解，的确能够比较好地去解释现实生活中人们缘何会有自拍与浏览他人照片的习惯。当人们在对图像中的事物进行辨认时，也就在附带地领悟、推断和获得知识。归根结底，模仿的快乐是运用智力和感受惊奇带给人的快感，凡是属于模仿性艺术之列的东西，如绘画、雕刻、戏剧，以及一切模仿得惟妙惟肖的东西，都能给人以快感，即便是在对象本身不能给人以快感的时候也是如此。因此，我们可以说，在亚里士多德那里，模仿的快乐是一种理性的快乐，恰当地使用理性对于哲学家和一般人都是一件乐事。模仿的活动与其说是一种娱乐活动，毋宁说是一种认识活动。

这样一来，亚里士多德几乎颠覆了柏拉图主张的模仿与真理性的知识无涉的观点，并且还进一步明确了，给观众/听众以快感的不是那个被模仿的对象，而是在欣赏的过程中人们进行了推断、运用了智力，这便从学理上将模仿活动划定为一种智力活动，将“诗艺”的产生、发展锁定在了人类理性的领域中。模仿让人感到快乐是由于恰当地使用了领悟力和推断力，这条原则其实可以用来解释很多日常生活中的审美现象，例如喜剧、滑稽戏为何会受到大众的普遍欢迎，以及当人们观看含有暴力元素的影片时，为什么会生出快感来。根据亚里士多德的

① ［古希腊］亚里士多德：《诗学》，陈中梅译注，商务印书馆，1996，第 47 页。

理论，观看影片中的暴力行为与观看画作中的死尸会获得快感的道理是一样的，我们通过有距离地观看，辨认出“人终将要死”这一宿命，并且观看本身就有一种探秘和释放自身恐惧压力的意味。

在古希腊人那里，模仿的艺术除了史诗、音乐、雕刻、绘画这些今人所理解的艺术之外，还有手工业、农业、医药、骑射、烹饪之类的，我们可以概括一下：凡是可凭借专门知识来学会的工作都叫作“艺术”。史诗作为模仿艺术，它对于情节的构筑又具有什么样的特点呢？在现实生活中，一个人可以经历许许多多的事，史诗如果要写一个人的事，是要将其所经历的事情都原封不动地记录下来吗？在这里，亚里士多德提出了模仿艺术的一个原则——整一性原则。他在《诗学》中多次谈到《伊利亚特》与《奥德赛》的情节安排，对其采用的围绕一个整一的行动来完成作品的方式非常欣赏。因此，我们可以说，史诗作品中的情节是对人物行动的模仿，它模仿的行动必须是单一而完整的行动，由行动贯穿的各个事件组织严密、逻辑严谨，不可随意挪动和删减。这里面其实渗透了亚里士多德关于整体与部分的思想。

《伊利亚特》与《奥德赛》是希腊史诗当中现存最早的精品，也是构筑希腊文明的基石。一般认为，这两部史诗的作者是荷马，它的背景是旷时十年之久、规模宏伟，给交战双方造成重大创伤的特洛伊战争。这场战争发生在公元前十三到公元前十二世纪。据传特洛伊是一座富有的城堡，坐落在小亚细亚的西北部，国王普里阿摩斯之子帕里斯曾出游到斯巴达，受到王者莫奈劳斯的款待。其后他将莫奈劳斯的妻子海伦带出斯巴达，返回特洛伊。希腊各地的王者和首领于是风聚云集，意欲进兵特洛伊，夺回海伦，由阿伽门农统领。经过一番周折，希腊联军登岸特洛伊，兵临城下，但一连九年不得破获。在第十年里，阿伽门农与联军中最好的战将阿基琉斯发生争执，后者由此罢兵不战，使赫克托尔统帅的特洛伊人节节获胜，后来赫克托尔战杀阿基琉斯的好友帕特罗克洛斯，阿基琉斯在震怒之下重返战场，战杀赫克托尔，阿基琉斯也战死疆场。按照神意，希腊人最终攻下特洛伊，洗劫了这座城堡。在荷马笔下，特洛伊战争的背后是三位女神争夺金苹果的故事。三位女神分别是天后赫拉、智慧女神雅典娜、爱神阿佛洛狄忒。帕里斯当裁判，三位女神各自私下贿赂他，一个给权势，一个给荣誉(军功)，一个

给美女和爱情。不出所料，帕里斯选择了爱情，于是同时得罪了两位女神赫拉和雅典娜，于是这两位女神自然是支持希腊联军。

亚里士多德认为，在史诗诗人当中，唯有荷马摆脱了历史的局限，着意于模仿一个完整的行动，并且编制了戏剧化的情节，避免了“流水账”式的平铺直叙，例如像历史那样如实记录下发生在某一时期内的、涉及一人或多人的所有事件。《伊利亚特》以阿伽门农和阿基琉斯的争执开篇，以阿基琉斯击杀赫克托尔，特洛伊人赎回赫克托尔的尸体并为他举行葬礼收尾。全诗分作 24 卷，共计 15 693 行。亚里士多德指出，尽管特洛伊战争本身有始有终，但荷马并没描述战争的全过程，否则的话，情节会显得拖沓冗长，让人不易从整体上进行把握；倘若一味控制长度，繁芜的事件又会使作品显得过于复杂。事实上，荷马只截取了战争中的一部分，而把其他许多内容穿插其中，这样既增加了作品的长度，又丰富了作品的内容。因此，史诗之美在于，它的各个部分的排列适当，情节清晰明朗，且具有一定的适于欣赏的长度；成功的史诗就像一个完整的动物个体一样，能够给人一种由它引发的快感。①

通过亚里士多德对于模仿的讨论，我们可以得出这样一个结论：诗人的地位在亚里士多德那儿要比在柏拉图那儿高出一大截儿。诗人虽是用叙述和格律进行模仿，但其做的事与手工业者做的事相类似，他生产出来的也是一种真实的东西，而不只是柏拉图所谓之“影子的影子”。如果说，亚里士多德讨论模仿问题，为的是应对来自他的老师柏拉图的“挑战”，即去证明诗人不仅可以给人快感，而且有助于建立一个合格的政府和有利于公民的身心健康，那么亚里士多德对模仿的正名，其实只是部分地回应了这个“挑战”，他颠覆了柏拉图对“诗艺”模仿的成见，指出诗不同于历史，亦不同于哲学，诗人的职责是叙述可能发生的事，诗人模仿借助语言，语言的组织具有逻辑性，语言呈现出的事件具有某种普遍性，并且人们从这种模仿活动中得到快感，这种快感还是一种理性的快乐，我们通过模仿得到最初的知识，因此从事模仿活动的诗人，能够带给人求知的快乐，这种快乐对于哲学家和一般人都是如此。

当然，亚里士多德和柏拉图一样，都承认诗人可以给人快感，但是他认为人

① 参见［古希腊］亚里士多德：《诗学》，陈中梅译注，商务印书馆，1996，第 47 页。

们从模仿作品中获取快感的原因是，运用了智力、进行了推断，而不是由于模仿品的形象迎合了人性中非理性的部分，并且凡是属于模仿性艺术之列的东西，绘画、雕塑、诗歌，以及一切模仿得惟妙惟肖的东西，都能给人以快感，即便是在对象本身不能给人以快感的时候也是如此。

那么接下来更困难的问题是，如何去证明诗人有助于建立一个合格的政府和有利于公民的身心健康。事实上，亚里士多德在《诗学》中对于悲剧的系统性讨论，可视为对这一挑战的有力回应。

二、悲剧理论——以《俄狄浦斯王》为例

在进入正题之前，我们可以首先结合自己的人生阅历，试着回答这样几个问题：什么是悲剧？它有哪些构成要素？观看悲剧对我们有何益处？

关于悲剧，鲁迅先生在《再论雷峰塔的倒掉》中有一个颇为精练的表述：悲剧是将人生有价值的东西毁灭给人看。何谓人生有价值的东西？自然无非是生命、健康、爱情、自由、理想、青春等。对剧作家而言，将这些东西的毁灭之过程搬上舞台，引发观众的怜悯、哀伤，或产生惊恐之情，便达到了悲剧的效果。

中国近代大学问家王国维先生在《〈红楼梦〉评论》中阐述了自己的悲剧观。他认为，中国人总体上是乐天的，乐天的色彩体现在文学中，常常是始于悲而终于欢，始于离而终于合，像《牡丹亭》之返魂，《长生殿》之重圆，皆是如此，但《红楼梦》是一个例外，这部作品大大地背离了中国人的精神旨趣，可谓之悲剧中的悲剧，当然也是彻头彻尾的悲剧，这部书中的人，但凡对生活怀有欲求、希冀的，都是以遭受苦痛而告终。[①] 在他看来，《红楼梦》传递出了浓厚的厌世解脱和叛逆之精神。王国维先生引用了德国哲学家亚瑟·叔本华（Arthur Schopenhauer，1788—1860）的悲剧理论，将悲剧的类型概括为三种：一是由极恶之人所致，即悲剧由居心不良的人作乱而导致；二是由于盲目的命运所致，也就是说，悲剧是由某种偶然因素所导致；三是由于剧中人物之位置和关系而不得不然者，这便是说，悲剧不是由于坏人作乱和意外变故所致，而是由于处于某一位置的人，不得

---

① 参见王国维：《王国维文学美学论著集》，周锡山评校，上海三联书店，2018，第28页。

不面对某种境遇，这种境遇也无有违人伦情理之处，然而主人公却在这种境遇的逼迫下逐步走向悲剧的结局。王国维先生认为《红楼梦》属于第三种悲剧类型，在宝玉与黛玉的爱情悲剧中，他们周围的贾母、王夫人、凤姐和袭人都是出于各自的立场、喜好，或诸般不得已，所以阻挠他们在一起。宝黛的悲剧的动人之处在于，它揭示出人生之真相，第三种悲剧的美学价值与其伦理学的价值相联系。

其实黑格尔在他的《美学》中也将悲剧划分出了等级。由疾病灾祸直接导致的悲剧最为低级，略高一些的是由家庭出身和阶级关系导致的悲剧，最理想的悲剧是由两种对立理想的冲突所引发的悲剧——就对立双方各自的立场来看都是正确的，代表这些理想的人物都有理由把它们付诸行动。但就当时时代的情况来看，实现其中一种，就必须牺牲其对立面，而悲剧的解决就是使代表片面理想的人物遭受痛苦或毁灭，就他个人来看是全然无辜的，但是就整个世界秩序来看，他的牺牲确实是罪有应得，足以伸张“永恒正义”。

黑格尔认为，古希腊三大悲剧诗人之一的索福克勒斯(约前 496—前 406)的《安提戈涅》是理想悲剧的最佳例证。在此悲剧中，任何一方都代表着一种伦理诉求，它们彼此对立，却各自有其合理性。在剧中，安提戈涅是忒拜国的公主，俄狄浦斯的长女，她的哥哥波吕涅刻斯借岳父的兵力回来和他的弟兄忒俄克勒斯争夺王位，结果两兄弟自相残杀而亡。他们的舅父克瑞翁遂继承王位，他宣布波吕涅刻斯为叛徒，不允许任何人埋葬其尸首，违令者死。但是，安提戈涅违抗国王的法令，收葬了哥哥，因为她觉得这是她对哥哥应尽的义务，并且认为自己履行的是神圣的天条。当安提戈涅面对克瑞翁的质问——“你真敢违背法令吗?”①，她凛然应道：

> 我敢；因为向我宣布这法令的不是宙斯，那和下界神祇同住的正义之神也没有为凡人制定这样的法令；我不认为一个凡人下一道命令就能废除天神制定的永恒不变的不成文律条，它的存在不限于今日和昨日，而是永久的，也没有人知道它是什么时候出现的。②

---

① 参见[古希腊]索福克勒斯：《索福克勒斯悲剧五种》，载《罗念生全集》第三卷，罗念生译，上海人民出版社，2015，第 33 页。

② 同上书，第 33-34 页。

国王于是下令处死她，理由是：她公然地反抗王权，而他必须维护城邦社会的法制。这里要补充一点：古希腊人把埋葬死者视为神圣的义务，死者不得埋葬，便不能渡过冥河前往冥土，对天上和下界的神也是大不敬。其实，安提戈涅还有一个身份，她是克瑞翁儿子海蒙的未婚妻。安提戈涅死后，海蒙也自杀了，于是克瑞翁的妻子也自杀了，克瑞翁追悔莫及。在黑格尔看来，克瑞翁执行国法、维护社会秩序与安提戈涅顾念亲情、尽宗教之义务，这两种理想彼此冲突，两者都是神圣的和正义的。可是从"永恒正义"的角度，当这两种理想处在当时那种冲突的情境中，却都是片面的，都有不当之处。

亚里士多德的悲剧理论，跟我们刚才介绍的两种悲剧理论均不尽相同。第一，亚里士多德非常细致地区分了悲剧与史诗。他认为悲剧是由史诗与即兴口占脱胎而来的，从形式上悲剧比史诗更高级；悲剧具备史诗的所有成分，但悲剧的一些成分如歌队、演员、道具是史诗所不具备的；悲剧不宜套用史诗的结构，即包容了许多情节的冗长结构。第二，亚里士多德清楚地为悲剧下了定义："悲剧是对一个严肃、完整、有一定长度的行动的摹仿，它的媒介是经过'装饰'的语言，以不同的形式分别被用于剧的不同部分，它的摹仿方式是借助人物的行动，而不是叙述，通过引发怜悯和恐惧使这些情感得到疏泄。"①这里特别提到的摹仿的媒介其实是节奏、唱段与格律文，"一定的长度"是说悲剧需要顾及时间的限制，剧中人的活动时间通常为一个白天。第三，悲剧具有四种类型：第一种为复杂剧，这种剧的意义全部在于情节上的突转与发现，第二种为苦难剧，第三种为性格剧，第四种的名称在《诗学》流传的过程中已经消弭。文中亚里士多德举出《福耳库斯的女儿们》和《普罗米修斯》二例，作为此类剧的代表，后世学者则认为，这第四种剧为情景剧或简单剧，或是简单剧中的穿插剧。在亚里士多德看来，优秀的诗人是按可然律和必然律去联结情节，而拙劣的诗人则依靠穿插来编排情节，据此《诗学》的研究者埃尔斯认为，这四种悲剧中以复杂剧为最优，苦难剧和性格剧次之，穿插剧最差。②

亚里士多德最终将他对于悲剧的探讨落脚在悲剧的审美教育功能上面，而

---

① ［古希腊］亚里士多德：《诗学》，陈中梅译注，商务印书馆，1996，第63页。

② 同上书，第135页。

这正是对柏拉图提出的挑战所给予的根本性回应，他认为戏剧具有高级的陶冶功能和社会功能，也就是说，诗人不仅有助于建立一个合格的政府，还有利于公民的身心健康。亚里士多德将索福克勒斯的《俄狄浦斯王》视为悲剧艺术的典范，在《诗学》中多次以《俄狄浦斯王》为例探讨悲剧的社会功用。下面我们就结合这部剧中的情节来阐述亚里士多德的悲剧“净化”(katharsis)说。

《俄狄浦斯王》这部剧情节复杂，但条理清楚，剧中每一件事都是前一件事情的必然结果。大概情节如下：忒拜国国王拉伊俄斯与王后伊俄卡斯忒婚后生了一个儿子，被神告知这个孩子长大后会弑父娶母，于是拉伊俄斯用钉子钉住只有三天的婴儿的两只脚后跟，命令仆人把他抛到荒山中，善良的仆人不忍心杀死婴儿，把他送给了与他一起放羊的邻国科任托斯国的牧羊人，让他把孩子养大。俄狄浦斯的名字也是由受伤的双脚“肿胀的脚”而得。他后来成了科任托斯国没有子嗣的国王和王后的养子。一次宫廷宴会上，一位客人指着俄狄浦斯说，他不是国王的亲生儿子。俄狄浦斯于是到神庙请求神示，神示没有指明他是谁的儿子，却说他会弑父娶母。为避免神示成真，他当即离开养父母，只身离家出走。在一个三岔路口，俄狄浦斯与一个骄横无礼的老人发生冲突，他将老人和老人的三个随从杀死，只有一个随从逃走了。他途经忒拜城，遇到女妖斯芬克斯，这个女妖狮身人面，要忒拜人猜一个谜语，凡猜不出来的人都被她一个个吃掉了。俄狄浦斯解开了这个谜底，拯救了深陷灾难与恐惧的忒拜人。人们拥立他为俄狄浦斯王，并让他娶了先王的遗孀伊俄卡斯忒，15 年来他们生养了两个勇敢强壮的儿子，两个美丽的女儿。

悲剧开始时，忒拜城发生了瘟疫，妇女不育，牲畜死亡，五谷不长，人们恐慌极了，心急如焚的俄狄浦斯请神示，阿波罗神要忒拜人清除隐藏在城里的杀死先王的凶手，城邦才能太平。俄狄浦斯诚实、正直，为了城邦的利益，坚决要求把拉伊俄斯的案子追究清楚，他万万没想到，追查到最后，他发现自己就是那个可怕的凶手，他在三岔路口杀死的老人正是先王拉伊俄斯。王后伊俄卡斯忒知道真相后悬梁自尽，俄狄浦斯则刺瞎双眼离开忒拜城。这出悲剧描写了个人的意志与命运之间的冲突。俄狄浦斯王诚实正直，最可贵的是勇于面对现实，他的悲剧的发生在于他清白无辜，却要承受先人的罪恶(据说他的祖先曾受到诅咒)；他越是竭力反抗，却越是投入命运的罗网。古希腊人往往将他们所不能解释的一切归之于命运。从这部剧中可以看出，索福克勒斯相信命运以及命运的巨大威力，但诗人更加强调人的积极行动与坚毅果敢。也就是说，人是能够反抗命运的，反抗的方式可以是勇于担负起他应该担负的责任。

但是亚里士多德对这部剧却有另一番解释，提出俄狄浦斯是因为小的过失而酿成了悲剧。俄狄浦斯杀了父亲是出于自卫，娶了母亲也是出于不知不觉，杀父娶母皆是在不知晓自己与受害者之间的亲属关系的情况下做出的，但是他杀死父亲多少有些防卫过当，手上沾了血污。可见，亚里士多德是将俄狄浦斯作为一个跟我们差不多的人来看的，他在道德上没有比我们高出多少，但也不是邪恶之人，由于犯了某种过错而引发不幸，故而引发观众的恐惧与怜悯。

这里隐含着亚里士多德悲剧理论中非常有意思的一个问题：什么样的情节配置容易引发人们的哀怜和恐惧？他具体讨论了四种情形：第一种是好人由福转祸，第二种是坏人由祸转福，第三种是穷凶极恶的人由福转祸，第四种就是中等人（与我们自己类似）由福转祸。第一种安排既不能引发恐惧，也不能引发怜悯，只会引起反感，因为它不符合我们的道德愿望；第二种安排也无法引发怜悯和恐惧，因为它与悲剧精神背道而驰，当然也会引发我们的反感；第三种安排虽然满足了我们的道德愿望，或许会引起同情，但是还不能引起怜悯和恐惧；第四种安排最能引发我们的怜悯和恐惧，即上文所讨论的俄狄浦斯的悲剧，因为我们怜悯的对象遭受了本不该遭受的不幸。恐惧的产生是因为遭受不幸者是与我们相类似的人，他在道德品质和正义上并不是好到极点，他的遭殃并不是由于罪恶，而是由于某种过失或者弱点。亚里士多德的这一理论的确很有说服力，我们可以看到莎士比亚四大悲剧的主角都是这样的人，哈姆雷特犹豫不决，奥赛罗自卑多疑，李尔王爱听好话，麦克白有权力欲，这种人的由福转祸，最能引起我们的哀怜，和怕因小错而得大祸的恐惧。

接下来的问题是，观众由悲剧激发出怜悯与恐惧的心理，究竟是好事还是坏事呢？若根据柏拉图的诗学理论，这无疑是一桩坏事，让人被情绪所操控，不复之以理性。但亚里士多德并不这样认为，他非常客观地来看待情感问题，认为产生情感的机制是天生的，情感的表露和宣泄是可以控制和调节的，一味地压抑情感，反而会引发不好的结果，有害于人的身心健康，也不益于群体、城邦的利益。因此，人们应该通过无害的途径把这些不必要的积淀宣泄出去，让人恢复平和。观看悲剧便是这类无害的途径，观众在观看悲剧的过程中，可使得怜悯与恐惧这类情绪得以宣泄与缓解，进而获得一种轻松与愉快的感受。后世学者将其概括为悲剧净化说，即通过观看悲剧把一般的激情或情绪转化为合乎美的心情。总之，悲剧的目的之一乃是快感，但并不是指一切快感，而是指靠艺术表现（模仿）从怜悯与恐惧中生出的快感，它可以净化人的心灵，甚至提升人的道德意识。这里面有两点需要注意：情绪仅仅通过放纵就可以得到解除或缓和；由戏剧中的事件激发的情感上的痛苦，并不能消除它们所带来的快感，因为它是一种模仿，并且是对重要而有趣的事物的模仿。

亚里士多德不仅指出了悲剧的社会功用，而且表明只有通过情节，悲剧才会实现它的净化功能。他从情节的细部讨论了怜悯与恐惧的发生所需的两个必要条件——发现与突转，也可以理解为，悲剧情节的变化和变化的原因。《俄狄浦斯王》里的发现是什么？逆转又是什么呢？俄狄浦斯一开始请求盲人寓言家忒瑞西阿斯帮忙找出杀害老国王的凶手，但忒瑞西阿斯不断地推辞，甚至恳求俄狄浦斯说："让我回家吧；你答应我，你容易对付过去，我也容易对付过去。"①俄狄浦斯大怒，指责他知情不报就是帮凶，逼得他不得不说出真相：俄狄浦斯就是杀害老国王的凶手，并且跟自己的母亲在罪恶的婚姻中一起生活，俄狄浦斯的罪恶使整个城市遭殃！俄狄浦斯开始时不信，指责这个预言家是骗子。王后伊俄卡斯忒听他说俄狄浦斯是杀害自己前夫的凶手，也愤怒地咒骂这个预言家的预言是多么荒唐。她忆起自己的前夫："拉伊俄斯得了个神示……它说厄运会向他突然袭来，叫他死在他和我所生的儿子的手中。可是现在我们听说，拉伊俄斯是在三岔路口被一伙外邦强盗杀死的；我们的婴儿，出生不到三天，就被拉伊俄斯钉住左右脚跟，叫人丢在没有人迹的荒山里了。"②王后这一席话原本是为了劝说俄狄浦斯不要将先知的话太当真，却令俄狄浦斯大受震动，他心中的疑团一下明朗，

---

① 参见[古希腊]索福克勒斯：《索福克勒斯悲剧五种》，载《罗念生全集》第三卷，罗念生译，上海人民出版社，2015，第80页。

② 同上书，第91页。

意识到忒瑞西阿斯所说的很可能是真的。他虽然知道了可怖的事实，但他多么希望一切都是一场误会，可是与拉伊俄斯遇害的一切细节都吻合。最后他听说当时有一个随从逃了回来，报告国王被杀害的消息，当看到俄狄浦斯登位时，恳求离开城市，去远方放牧。俄狄浦斯想弄清楚事情，便派人把他召回来，仆人还没有到达，科任托斯国的信使却到了宫殿，向俄狄浦斯报告，说他父亲波吕波斯去世了，要他回去继承王位。听到这个消息，王后又得意地说："啊，天神的预言，你成了什么东西了？俄狄浦斯多年来所害怕、所要躲避的正是这人，他害怕把他杀了；现在他已寿尽而死，不是死在俄狄浦斯手中的。"①

这个信使恰好是当年的另一个牧羊人，他听闻俄狄浦斯还在为杀父娶母的可怕预言惴惴不安，便揭开了俄狄浦斯的身世，说他如何被当作礼物送给了科任托斯国的国王，如何被当成亲生儿子被养大，这一番话原本是为了打消俄狄浦斯的顾虑，但效果适得其反。伊俄卡斯忒听到这些后绝望地走开。该剧最后出场的是曾经执行丢弃婴儿命令的牧羊人，终于道破俄狄浦斯的身世。俄狄浦斯终于明白他自己就是杀死拉伊俄斯的凶手，不论他再怎么挣扎，也没有逃出阿波罗神谕宣示的杀父娶母的厄运。这部剧里的"发现"——俄狄浦斯身份的发现，出自情节本身的结构，事件环环相扣，具有惊心动魄的效果，而在发现之后紧随着的是人物命运的彻底突转，俄狄浦斯由备受尊崇的国王一下子成了杀父娶母的罪人，这一发现与突转结合起来将激发人们的怜悯和恐惧。

亚里士多德的悲剧理论很好地回应了来自柏拉图的挑战，悲剧引发的情感对公民的身心健康是有益的，将负面的情绪疏导出去要比一味堵塞要好。因此，受到公民普遍欢迎的悲剧，可以作为一种无害的调节生理与心态的工具，使人们较长时间地保持健康心态，防止人们走极端；悲剧对于建立一个合格的政府也是有帮助的，因为悲剧有益于政府所治理的对象，让公民的情感趋于平和，道德意识得到提升，那么自然有利于政府的治理。

亚里士多德的模仿理论与悲剧理论尽管有其局限，比如他对悲剧的定义已不再适应现代剧作家的悲剧作品，但其中许多观点对后来的欧洲戏剧产生过深

① 参见[古希腊]索福克勒斯：《索福克勒斯悲剧五种》，载《罗念生全集》第三卷，罗念生译，上海人民出版社，2015，第 97 页。

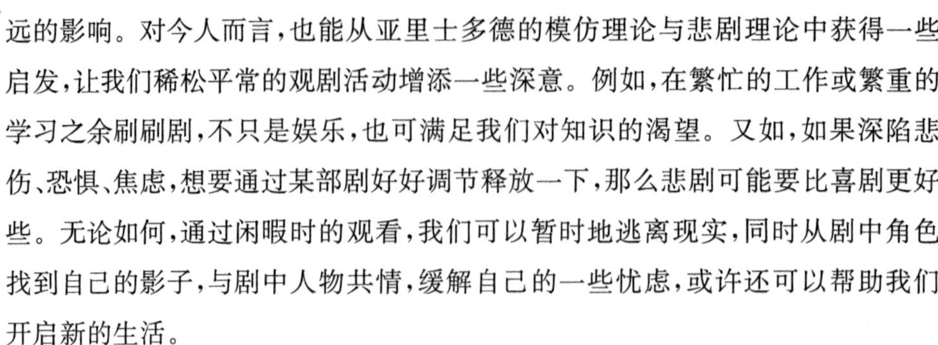

远的影响。对今人而言，也能从亚里士多德的模仿理论与悲剧理论中获得一些启发，让我们稀松平常的观剧活动增添一些深意。例如，在繁忙的工作或繁重的学习之余刷刷剧，不只是娱乐，也可满足我们对知识的渴望。又如，如果深陷悲伤、恐惧、焦虑，想要通过某部剧好好调节释放一下，那么悲剧可能要比喜剧更好些。无论如何，通过闲暇时的观看，我们可以暂时地逃离现实，同时从剧中角色找到自己的影子，与剧中人物共情，缓解自己的一些忧虑，或许还可以帮助我们开启新的生活。

第三章　造型艺术与诗的艺术

鲍桑葵在其《美学史》"近代美学哲学的问题"一章，清晰地划分出了美学研究的两条脉络：一是哲学家对美的问题的研讨，他们提供美学的基本原理；二是批评家对美的问题的探索，他们提供美学的具体材料。这里的批评自然包括狭义的艺术批评活动，例如文学界对美的作品所作的判断。① 这一章我们将重点介绍批评美学一脉，探讨诗歌与造型艺术之区别的著名实例——德国 18 世纪启蒙运动时期的思想家、文艺批评家、剧作家莱辛的代表性论著《拉奥孔》(*Laokoon*，1776)，通过这个实例为我们日后欣赏雕塑、绘画等造型艺术，以及诗的艺术(文学)提供一个大致可参考的方向，让我们的审美词汇更丰富一些、审美分析更深入一些、审美判断更精准一些。

莱辛的《拉奥孔》或称《论画与诗的界线》，经常被誉为"现实主义美学的里程碑"与"启蒙运动的思想武器"。莱辛固然不是"诗画异理"说的第一个倡导者，例如文艺复兴时期的画家、艺术理论家列奥纳多・达・芬奇就发展出一种绘画高于诗的观点，"绘画可以欺骗动物，而诗却不能"②，可是把诗与画的界线剖析得如此明晰，将诗的艺术与造型艺术各自遵循的规律概括得如此精辟，当首推莱辛。德国著名思想家、伟大作家约翰・沃尔夫冈・冯・歌德(Johann Wolfgang von Goethe，1749—1832)在《诗与真》中回忆《拉奥孔》所产生的影响时写道："必须回到青年时代，才能体会到《拉奥孔》对我们的影响。这部著作把我们从一种幽暗

---

① 参见[英]鲍桑葵：《美学史》，张今译，中国人民大学出版社，2010，第 153 页。

② [美]门罗・比厄斯利：《美学史：从古希腊到当代》，高建平译，高等教育出版社，2018，第 205 页。

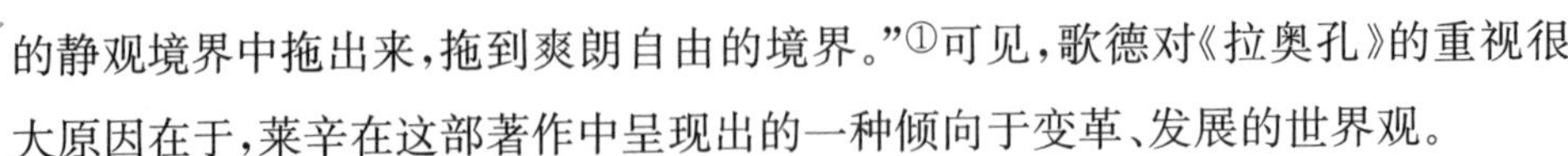

的静观境界中拖出来，拖到爽朗自由的境界。”[①]可见，歌德对《拉奥孔》的重视很大原因在于，莱辛在这部著作中呈现出的一种倾向于变革、发展的世界观。

朱光潜先生在《拉奥孔》的“译后记”中说：“《拉奥孔》是一个就具体问题进行具体分析的范例，没有一般德国美学著作在概念里兜圈子的习气。”[②]并且指出，莱辛的贡献在于，划定了代表一般文学的“诗”与代表一般造型艺术的“画”的界限，即语言艺术和造型艺术的界限，找出了一切艺术的共同规律——一切艺术都是模仿，是诗与画的特殊规律。宗白华先生指出，莱辛对拉奥孔雕塑的创造性分析“启发了以后艺术研究的深入，奠定了艺术科学的方向”[③]；他还强调，莱辛对诗和画的深入分析，对它们各自局限性以及特殊表现规律的具体剖析，开创了对于艺术形式的研究。

一、史诗中的“拉奥孔”

我们如果要理解《拉奥孔》这部德国古典美学著作，就得先来了解下拉奥孔(Laokoon)在史诗中的形象以及他的英雄事迹。

据荷马史诗《伊利亚特》中的叙述，引发特洛伊战争的直接原因，是特洛伊国王子帕里斯访问希腊时，带着希腊斯巴达国王的妻子、著名的美人海伦私奔回国，而这场战争的背后则是天神们的一场纠纷。这场纠纷起始于海之女神忒提斯与英雄佩琉斯的婚礼，他们当时邀请了奥林匹斯众神，唯独遗忘了执管纷争的女神厄里斯，于是这位女神怀恨在心，她在婚宴当日不请自来，将一只刻有“送给最美丽女神”字样的金苹果掷给宾客。天后赫拉、智慧女神雅典娜、爱与美之女神阿佛洛狄忒都想得到这只金苹果，为此争执起来，其他神祇害怕得罪这三位女神也不敢表态，她们请来宙斯裁判，狡猾的宙斯也怕给自己惹麻烦，便让她们到特洛伊去，请那里的国王普里阿摩斯的次子帕里斯来做裁判，因为据说帕里斯长了一颗最公正的心。三位女神来到特洛伊找到了在山中放牧的帕里斯，各自私下贿赂他：赫拉允诺给他权势与财富、雅典娜许愿赐给他智慧与荣誉、阿佛洛狄

---

① [德]莱辛：《拉奥孔》，朱光潜译，商务印书馆，2016，第239页。

② 同上书，第241页。

③ 宗白华：《美学散步》，安徽教育出版社，2006，第12页。

忒则答应给他世间最美女子的爱情。不出所料，帕里斯将金苹果给了阿佛洛狄忒，于是同时得罪了两位女神赫拉和雅典娜。这两位女神发誓要向特洛伊人展开报复，诸神之间的纷争就此引发，也埋下了特洛伊战争的祸根。后来，帕里斯的确在阿佛洛狄忒的鼎力相助下从斯巴达人手中拐走美女海伦，特洛伊战争就此爆发，并且持续了十年之久。赫拉和雅典娜在特洛伊战争中一直坚定地支持希腊联军，而阿弗洛狄特则支持特洛伊人；宙斯、阿波罗在两方之间摇摆不定，时而支持特洛伊人，时而支持希腊联军，众神的参与令这场战事尤为复杂、壮烈。

古罗马诗人普布留斯·维吉留斯·马罗（Publius Vergilius Maro，前70—前19），也译为维吉尔，他在《埃涅阿斯纪》中详细描述了特洛伊陷落的整个过程。希腊人在阿伽门农的统领下组成远征军去攻打特洛伊，这场战争持续了很长时间，不少英雄死在战场上，打了九年也没有攻下。在第十年时，希腊联军中的重要将领、足智多谋的奥德修斯想出了一个诡计，用木头赶制了一匹大马，令一批精兵埋伏在这匹大木马的腹内，放在特洛伊城门外，而希腊联军佯装撤离。特洛伊人好奇，把木马移到城内，夜间伏兵跳出木马腹把城门打开，于是希腊兵一拥而入，攻下了特洛伊城。当时的特洛伊人视木马为消灾免祸的吉祥物，在特洛伊人准备要把木马移入城时，这时特洛伊城内太阳神阿波罗的祭司拉奥孔出场了，他一眼看穿希腊人的诡计，甚至直接指出，木马本身就是破城的利器，于是他极力劝阻特洛伊人不要将木马搬进城，并且警告人民绝不能相信奸诈的希腊人，马腹中一定藏着危险。他的话不但没有引起希腊人的警觉，还因此触怒了偏爱希腊人的雅典娜。她令海神派出两条巨大的蟒蛇，缠绕拉奥孔和他的两个儿子的身躯，向他们喷出毒涎，拉奥孔环视他的两个儿子正在垂死挣扎，痛得大声吼叫，他的精神和肉体都陷入莫大的悲愤与痛苦中。在场的特洛伊人都看在眼里，一致认为这是拉奥孔反对将木马拉进城而受到的神的惩罚，于是欢天喜地地将木马拖进城。当天夜里，木马腹内的精兵趁特洛伊人熟睡时，将特洛伊城放火摧毁，财物被洗劫一空，男人几乎被斩光杀绝。十年的战争，终结于一个木马的计谋。英语里有一个词叫特洛伊木马（Trojan Horse）就是来形容不怀好意的事物，直到现在，这个说法还很流行。

特洛伊城失陷后，拉奥孔的远见卓识、力排众议的勇气为特洛伊人所缅怀，

他和两个儿子跟巨蟒搏斗的英勇形象也烙印在世人心中，并且成为古代雕刻家们心爱的创作题材。创作于公元前 1 世纪，1506 年在罗马发掘出来的拉奥孔雕像群（现收藏于罗马梵蒂冈艺术博物馆），生动地展现了拉奥孔父子被巨蛇缠绕，并与之搏斗时的痛苦情状。

维吉尔《埃涅阿斯纪》的第二章对这一场景也有一大段精彩的描述：

> 这时，一件对可怜的特洛伊人说来是更可怕得多的事情发生了，我们思想毫无准备，因此非常慌张。拉奥孔不久前经过抽签当选为海神涅普图努斯的祭司，他正在举行祭礼的神坛前屠宰一头大公牛，忽然从泰涅多斯岛的方向，沿着平静的海面——我现在提起这事都觉得毛骨悚然——匍匐着一对巨大无比的水蛇，并排向海岸游来。在水波之间它们昂起胸膛，它们血红的冠露出海面；蛇体的其余部分拖在后面，在水里游动，大幅度蜿蜒前进，冲破海沫，发出洪亮的声音。很快它们就游到了岸上，眼睛里充满了炽热的火和血，舌头在抖动，不住地舔嘴，发出嘶叫声。我们面无血色，四散奔逃。两条蛇就直奔拉奥孔而去；先是两条蛇每条缠住拉奥孔的一个儿子，咬他们可怜的肢体，把他们吞吃掉；然后这两条蛇把拉奥孔捉住，这时拉奥孔正拿着长矛来救两个儿子，蛇用它们巨大的身躯把他缠住，拦腰缠了两遭，它们的披着鳞甲的脊梁在拉奥孔的颈子上也绕了两圈，它们的头高高昂起。这时，拉奥孔挣扎着想用手解开蛇打的结，他头上的彩带沾满了血污和黑色的蛇毒，同时他那可怕的呼叫声直冲云霄，就像一头神坛前的牛没有被斧子砍中，它把斧子从头上甩掉，逃跑时发出吼声。这两条蛇这时开始退却，向城堡高处可怕的雅典娜的神庙溜走，躲进女神脚下的圆盾牌下面去了。①

莱辛将雕刻和史诗中的拉奥孔形象进行比较，发现了一个根本区别：拉奥孔被蟒蛇缠绕时，他激烈抗争的动作与痛苦扭曲的神情在诗中被尽情地表现出

① ［古希腊］维吉尔：《埃涅阿斯纪》，杨周翰译，人民文学出版社，1984，第 32-33 页。

来，而在雕刻里却大大地冲淡了。例如：在诗里拉奥孔放声哀号，在雕刻里他的面孔只是表现出叹息；在诗中那两条蟒蛇将拉奥孔拦腰绕了两道，颈部绕了两道，而在雕刻里它们只是绕着腿部；在诗中拉奥孔正在举行祭祀，自然穿戴祭司的衣帽，而在雕刻里父子三人几乎都是赤裸。

基于这样一种比较，莱辛提出了一个有趣的美学问题：为什么同样的题材在诗和雕刻里有不同的处理呢？这也是莱辛在《拉奥孔》中提出的第一个问题：为什么拉奥孔在雕刻里不哀号，而在诗里却哀号呢？这个问题貌似简单，实则隐含着批判锋芒，他想要通过对这个问题的解答，来挑战当时的学术权威对希腊艺术特质的片面概括。

二、莱辛对温克尔曼的质疑

莱辛《拉奥孔》想要挑战的是18世纪德国启蒙运动的领袖之一、德国新古典主义的代表人物约翰·温克尔曼（Johann Winckelmann，1717—1768）关于古希腊雕塑的美学观点——古希腊艺术杰作，包括文学、绘画和雕塑作品的一般特征为"高贵的单纯和静穆的伟大"①。

温克尔曼在其早期著作《希腊艺术模仿论》（又译为《论希腊绘画和雕塑作品的模仿》，1755）中指出，一种高贵的单纯与静穆的伟大，不仅在希腊艺术杰作的姿势上显示出来，而且在表情上也展示出来。这种高贵的单纯与静穆的伟大实际上体现的是希腊人伟大而沉静的灵魂，正如同大海的深处常常是静止的。② 温克尔曼以拉奥孔雕像为例，说明希腊艺术家为了展现拉奥孔高贵的灵魂，因而在塑造他的形象时，竭力避免去表现他在当时情况下应该会出现的激烈表情与拘挛形体，而是用一种节制性的叹息神态来替代放声哀号的征象。他最终将希腊艺术的静穆的形象与希腊人的民族性相联系，认为希腊人伟大高贵精神品格内蕴于静穆的身体姿态，并且将这种精神品格引申至苏格拉底学派的哲学文章。

莱辛却不同意温克尔曼的这一看法，更确切地讲，他只能部分地同意这种看法。莱辛承认，在拉奥孔大理石雕塑作品中，拉奥孔面部所显露的痛苦，的确不

① 宗白华：《西方美学名著译稿》，江苏教育出版社，2005，第3页。

② 同上书，第1页。

如人们所预期的那般强烈，里面有节制、忍耐和某种均衡的力量，并且艺术作品在这里不是简单地模仿自然，即简单地模仿人的自然情感的外在表现形式。但是，莱辛不同意温克尔曼在分析拉奥孔雕刻时所依据的理由，并且武断地把这一理由上升为适用于造型艺术与诗的艺术的普遍规律。

莱辛的观点是：拉奥孔雕刻中所表现出来的克制，仅仅是由造型艺术的特点所决定的，若换成诗的艺术就不一定如此克制地去表现了。他指出，在维吉尔的诗中关于拉奥孔遭蛇缠绕的描述并不是克制的，并且在史诗中对于具有同样遭遇的英雄人物的描述也不是克制。关于后者，典型的例证是温克尔曼在《希腊艺术模仿论》中同样提到过的索福克勒斯笔下像拉奥孔一样忍受痛苦的神箭手菲洛克忒忒斯。

古希腊悲剧诗人索福克勒斯于公元前409年创作并上演过的一部戏剧，名字就叫《菲洛克忒忒斯》。菲洛克忒忒斯何许人也？他是索福克勒斯根据神话故事创作的英雄人物。特洛伊战争爆发后，精通箭术的菲洛克忒忒斯也加入了希腊联军，却在远征特洛伊的途中被毒蛇咬伤，脚部感染恶毒并散布恶臭，于是被抛弃在一个名叫利姆诺斯的荒岛上。菲洛克忒忒斯在岛上过了九年饱受疾患折磨的生活。这期间特洛伊久攻不克，据预言，特洛伊城只有靠菲洛克忒忒斯的神箭才能攻下，最初他因愤恨，不肯把箭交出。直到战争快结束时，成为神祇的赫拉克勒斯，也就是传给他神箭的父亲才说服他前去参战，他脚疾康复后用箭射杀了拐走海伦的帕里斯，为希腊联军立下汗马功劳。这部悲剧在描写菲洛克忒忒斯的痛苦时写道：他由痛苦而发出的哀怨声、号喊声和粗野的咒骂声响彻了希腊军营①。

在莱辛看来，人在遭受痛苦时发出哭泣声与号喊声，实属人自然的情感表现，并且它与人的勇敢并不相抵牾。他指出，哀号与痛哭不仅在索福克勒斯的《菲洛克忒忒斯》中有着撼动心灵的描述，而且在荷马史诗中也不乏此类令人印象深刻的细节，荷马在描写英雄的意外负伤或遭受屈辱时也忠于一般人性，故而荷马史诗虽然在其他方面对英雄的描写远超一般人性之上，但每逢涉及痛苦的情感时，却要用号喊、哭泣来表现。莱辛据此指出，诗的艺术并不受造型艺术的

---

① 参见[德]莱辛：《拉奥孔》，朱光潜译，商务印书馆，2016，第7页。

这一局限——避免真正的激烈情绪，表现痛苦时需得克制、忍耐。

要而言之，莱辛从自然的一般人性出发，并且从希腊文学中找到充足的例证，主张伟大的心灵同号喊、哭泣等激烈的情感是可以相容的，因此，希腊雕刻不模仿哀号的理由就不应该是温克尔曼所认为的要表现伟大的心灵。莱辛的这一质疑也间接体现出了德国启蒙运动的精神主旨——追求真理、反对教条。

这便涉及莱辛写《拉奥孔》的历史背景——德国启蒙运动。18 世纪欧洲启蒙运动的中心是法国，法国启蒙运动中的百科全书派提出了自由、平等、博爱等口号，在文艺领域颇具代表性的是迎合宫廷趣味与排场的法国新古典主义。同一时期的德国在经济、政治方面均落后于法国，但德国启蒙运动的领袖们非常关注一般文化中的文艺领域，莱辛作为德国启蒙运动中的核心人物，也受到法国启蒙一代思想家的影响，尤其深受狄德罗的影响。在他看来，德国要想完成政治上的统一，须得先建立统一的德意志民族文化，他所致力的方面是，反对德国启蒙运动的先驱约翰·克里斯托弗·高特舍特(Johann Christoph Gottsched，1700—1766)所高举的法国新古典主义原则，从德国民间文学、荷马史诗和英国文学(以莎士比亚为代表的英国文艺复兴时期的悲剧)中汲取养分，帮助德国文学摆脱法国文学的影响，逐步形成德国自己的启蒙文学，并将其作为对新兴资产阶级与普通大众进行宣传、教育，进而成为唤醒民族意识的重要工具。

在批判性地继承德国民间文学、英国新兴市民文学和希腊古典文艺来建立自己的民族文学的总方向上，莱辛与温克尔曼是基本一致的。但是，他们在讨论造型艺术与诗的艺术的界限方面却有着根本性的分歧，温克尔曼基本上继承了古希腊以来，在长时期里几乎成为文艺理论家之共识的诗画一致说，而莱辛则讨论了诗的艺术与造型艺术不一致的地方，以及两种艺术各自的特殊规律。他明确指出，作为造型艺术的最高理想的静穆之美，不能运用到诗的艺术描写中，因为诗人要求的是生动地描绘动作、表情，动作越是错综复杂，表情越是真实可感，诗作也就越趋于完善。下文我们将结合《拉奥孔》中举出的实例，从细部阐明诗的艺术与造型艺术在题材、模仿方式等诸多方面的差别，以及它们抵达各自理想的路径。

三、拉奥孔的“哀号”与“叹息”

莱辛在对温克尔曼进行一番质疑之后紧接着指出，在古希腊人那里，造型艺

术的最高律法不是“静穆的伟大”，而是美，即美是造型艺术的最高法律，并且“凡是为造型艺术所能追求的其他东西，如果和美不相容，就须让路给美；如果和美相容，也至少须服从美”①。造型艺术的这一律法，亦是莱辛给出的古代造型艺术给人以静穆之感的理由，即针对温克尔曼的伟大的心灵与激烈情感不相容之说提出的美的姿势与激烈情感不相容理论。

他发现，我们可以从雕刻作品中的拉奥孔那痛得抽搐的腹部感受到他所领受的痛感，但是这种痛感并没有在他的面部表情和全身姿势上表现成一种痛得发狂的样子。雕刻中的拉奥孔，并不像在维吉尔的诗里那样发出惨痛的哀号，取而代之的是一种有节制的叹息。莱辛想说明的是，拉奥孔雕刻面部所表现的痛苦，远不如人们根据这苦痛的强度所应期待的表情那么激烈。这并不是说，雕刻家想要通过克制来展现希腊人伟大的心灵，因为在希腊诗人那里，表现英雄人物的激烈情感与他伟大的心灵是可以相容的。

在莱辛看来，雕刻家之所以将拉奥孔的哀号处理成了叹息，是因为他遵循的是造型艺术的最高律法——美。并且，古希腊艺术家不仅在雕刻中，而且在绘画中，都尽可能地模仿美的形体，或呈现美的形象，因此在表情的处理上，对于激情所导致的面部扭曲是完全避开的，或者至少冲淡到可以呈现出一定程度的美。

在此，莱辛举出了一个绘画史上的例子：提曼特斯（Timanthes，公元前4世纪左右希腊名画家）的代表作品《伊菲格涅亚的牺牲》，这幅画展现的是希腊统帅阿伽门农依神谕，将自己女儿作为贡品以祈求顺风航行的故事。话说希腊首领阿伽门农在出发去攻打特洛伊舰队的前夕，他猎到狩猎女神阿耳忒弥斯心爱的公鹿，还吹嘘自己的枪法堪比狩猎女神。此举引起阿耳忒弥斯不满，为此让海船为风所阻、无法航行，致使军队空耗给养。阿伽门农听到预言家传达的神谕：除非牺牲自己美丽出众的女儿才能平息女神的怒火，于是他在家信中谎称要将伊菲革涅亚许配给大英雄阿基琉斯，将其骗至军营。伊菲革涅亚在军营处得知她将被献祭的事实，在最初的震惊过后表现出可敬的镇定，表示愿意为了民族的利益牺牲自己。在莱辛看来，提曼特斯对满怀愧意和徘徊痛苦的阿伽门农神情的处理方式，就遵循了造型艺术的最高律法，在哀伤与美不相容时，就将哀伤冲淡

① ［德］莱辛：《拉奥孔》，朱光潜译，商务印书馆，2016，第15页。

为愁惨，甚至干脆用衣服遮住脸的方式，将不该画出的部分——父亲的神情，留给观者去想象：

> 在这幅画里，他把在场的人都恰如其分地描绘得显出不同程度的哀悼的神情，牺牲者的父亲理应表现出最高度的沉痛，而画家却把他的面孔遮盖起来……依我看来，原因既不在于艺术家的无能，也不在于艺术的无能，激情的程度加强，相应的面部变化特征也就随之加强，最高度的激情就会有最明确的面部变化的特征，这是艺术家最容易表达出来的。但是提曼特斯懂得文艺女神对他那门艺术所界定的范围。他懂得阿伽门农作为父亲在当时所应有的哀伤要通过歪曲原形才表现得出来，而歪曲原形在任何时候都是丑的。①

莱辛将提曼特斯作品中的遮盖激烈表情的技巧，看成古代艺术家供奉给美的牺牲，并且将这种规律引申到拉奥孔雕刻。他指出，雕刻家在处理表现身体苦痛的题材时，为了表现出最高度的美，就不得不将身体在苦痛状况下产生的激烈的形体扭曲冲淡，把哀号化为轻微的叹息，以避免扭曲变形的面容惹人反感，进而将身体表情上的丑的部分转化为一种艺术美，达到真实感与美感的平衡。

美的姿势与激烈情感不相容的理论，既包括刚才重点讨论的表情的处理问题，也涉及艺术创作中的情节选择问题，即造型艺术家缘何要避免描绘激情顶点的顷刻？这其实是表情背后的问题，表情的变化是由情节推动的，造型艺术家选择什么样的情节去表现，在很大程度上决定着人物的表情神态。莱辛认为，造型艺术家由于材料（模仿媒介）的限制，他只能把模仿局限于某一顷刻，就画家而言，还只能从某一角度来描绘这一顷刻。② 如此一来，选择某一顷刻与观察它的某一角度，取决于这一顷刻、角度能否最大限度地激活人的想象力，让想象超越感官印象自由驰骋，以至于能够还原激情的整个过程。

莱辛在这里举出的例子是提牟玛球斯（Timomachus，公元前 3 世纪左右希腊

---

① ［德］莱辛：《拉奥孔》，朱光潜译，商务印书馆，2016，第 16-17 页。

② 同上书，第 19 页。

名画家)以激烈情绪为画题的作品,即描绘美狄亚杀害亲生儿女的名作。美狄亚本是科尔喀斯王国的公主,也是赫卡忒神庙的女祭司,她对前来求取金羊毛的希腊英雄伊阿宋一见钟情。伊阿宋高大威猛、神采奕奕,如同大海中升起的天狼星,在他冒险去取有火龙看守的金羊毛的过程中,得到了美狄亚的倾力相助,美狄亚为了爱情而献出能使人刀枪不入的魔药,让伊阿宋顺利取得金羊毛,为此甚至不惜背叛自己的父亲,设计杀害自己的亲弟弟,因此对于她的国人来说,她是暗中帮助外乡人并跟随逃跑的叛徒。后来美狄亚和伊阿宋逃往科任托斯国,生养了一双儿女,最初美狄亚由于年轻美貌、举止得当,深得丈夫的宠爱和尊重,但随着美狄亚年龄增长,渐渐失去往日的魅力,伊阿宋喜欢上了一位年轻漂亮的女孩,是科任托斯国的公主,于是要求解除和美狄亚的婚姻关系,并口口声声说是为孩子着想才要跟王室结亲。美狄亚的报复是可怕的,她哄骗丈夫将浸过魔药的金袍子作为礼物送给她丈夫的情人,让情人和她的父亲都一命呜呼。而这并没有让美狄亚平息怒火,她如同复仇女神一样,准备给背叛者一个致命打击,于是亲手杀死了自己养大的孩子,当伊阿宋看到自己的孩子倒在血泊中,如同神坛上被杀死的羔羊一般时,陷入绝望、拔剑自刎。

莱辛敏锐地发现,提牟玛球斯在处理这个题材时,选择的并不是美狄亚杀亲生儿女的那一顷刻,而是选择杀害前不久,她在母爱与妒忌相冲突中犹豫、徘徊的时刻,画中表现的是美狄亚迟疑不决的神情,但这一顷刻却使观者预见到可怕的结局,于是预先战栗起来。假使有人将美狄亚极端疯狂的顷刻画出来,也就是将原本瞬间逝去的极端疯狂被定格下来,这反倒让观者的想象被束缚,甚至对画作中的美狄亚产生愤怒与厌恶。结合我们在生活中观看惊悚、悬疑或探险题材影视剧的经验,最让人感到恐怖的常常不是鬼怪,而是鬼怪出现前的场景,因为它恰恰是抵达顶点前的顷刻,它留给想象力充分活动的余地,紧张感与恐怖感由此而生。

莱辛借用绘画不宜描绘激情顶点的特质来说明,拉奥孔雕刻为何在表现身体的苦痛以及伴随的面部扭曲时是有节制的,即雕刻家把诗人笔下的放声哀号化为焦急的叹息。如果说作为造型艺术的绘画和雕刻,其艺术特质是表现美而避免丑的艺术,那么诗的艺术是否受这一局限的影响呢?

莱辛发现，适用于造型艺术的为了美而节制痛苦之表现，这一造型艺术的铁律并不适用于诗的艺术，换言之，诗在表现人物的美的方面要比造型艺术拥有更加广阔的天地，甚至做到雕塑和绘画不可能做到的事。例如：对于人物内在美的描述，诗人相信，如果描写一个人物拥有高贵的品格，这个品格本身就会把人吸引住，正如描写拉奥孔是一位爱国志士和最慈祥的父亲，读者就不会去想他身体的形状；或纵然是想到，也会是好感先入为主，即便不把他的身体姿势想象为美的，也会把它想象为不太难看的。概言之，诗较之绘画和雕塑，可以更多地去表现人物的性格特征，也可以表现丑的和其他反面的东西，画和雕塑则更适宜表现一般的、美的和正面的东西。因此，从全面地描写人物这一点上看，诗的艺术要比造型艺术更加真实和丰富。

但我们需要注意的是，诗所呈现的这种真实并非意味着，诗中的描写都与事实相符、合乎情理。例如，诗人会夸大主人公身体上所承受的痛苦，为的是最大限度地引发读者的同情，而当演员在表演痛苦的情景时，过度激烈的情感表现则会大大削弱观众的同情，甚至产生不快。亚里士多德在《诗学》中探讨史诗与悲剧的区别时也有与之类似的观点。他指出："悲剧应该包容使人惊异的内容，但史诗更能容纳不合情理之事——此类事情极能引发惊异感——因为它所描述的行动中的人物是观众看不见的。"①这里所说的"不合情理之事"指的是在现实生活中不可思议、滑稽可笑的场景，观众在看到悲剧中的此类场景时会不由自主地出戏。但读者对史诗中"不合情理之事"的接收是诉诸想象的，因此冲淡了它的离奇与滑稽，却能够引发惊奇感与随之而来的快感。亚里士多德最后总结道，人们在讲故事时，总喜欢添油加醋，只为取悦于人。

在我们的文化生活中亦不乏这样的例子。雨果在《巴黎圣母院》中，将敲钟人卡西莫多描述得丑陋不堪，但读者还是会由于卡西莫多善良、纯净的内心而喜爱这个人物，但是看电影《巴黎圣母院》就不一样了，当驼背、独眼、跛足且举止怪异的卡西莫多出现时，观众会不自觉地产生嫌恶之感；电影《布达佩斯之恋》（*Gloomy Sunday*，1999 年发行）当中有一个不同寻常的三角恋的桥段，在这个一女二男的三角关系中，同时存在着嫉妒、宽容、理解、尊重与信任，在女主角伊莲

---

① ［古希腊］亚里士多德：《诗学》，陈中梅译注，商务印书馆，1996，第 169 页。

娜对精神与肉体追求的折中里，三人保持了一种较为和睦的、相互依赖的稳定关系。如果这样的桥段放在小说中，读者很可能会对伊莲娜的品行进行指摘，但观看这部电影的人很难不被伊莲娜扮演者的美貌打动，以至于放弃用道德来对她进行评判。琼瑶作品中经常出现的脾气暴躁、蛮横霸道的男主角在恋爱遭遇挫折时，往往用激烈的方式抒发情绪，这在书中尚能理解、体谅，甚至同情，但那种激烈的姿态，如痛苦时的狂叫、痛苦与拉扯一旦出现在剧中，就容易引起观众的不适、反感，不似在书中那般能引人同情。

莱辛除了就拉奥孔的"哀号"或"叹息"一点，来论证造型艺术与诗的艺术的区别与界限外，还就蛇的缠绕的姿态和拉奥孔是否穿戴衣帽等方面对两者进行比照，据此我们可以将诗与画(雕塑)的区别大致概括为：画是空间艺术，诗是时间艺术。它们在塑造形象的方式、构思、表达与标志运用，以及对于人物形象与动作的处理上都存在着诸多差异。

具体而言，绘画用颜色和线条来模仿，展现的事物在空间上是并列的，诗用语言来模仿，展现的事物在时间上是先后相续的；画适宜描绘在空间上并列的、静止的物体，诗适宜表现事物发展的前后承续、动作发生的时间次序，让观者可以历览从头到尾的一系列画面；雕刻的范围较为狭小，雕刻家有时需得为了美而牺牲表情和习俗，诗的范围较宽广，诗人可将丰富多彩的意象排列在一起，并使其相得益彰；诗的意象是精神性的，它诉诸听觉，画的意象是物质性的，它诉诸视觉；画家或雕刻家会为了凸显人物的一般性格，如女爱神的娴雅、美丽，而避免描绘某些特定情形下的极端性格，如女爱神在盛怒下的凶恶疯狂，诗人则能够将人物的正面特质与反面特质结合起来，使两者融为一体；在绘画与雕刻中表达比构思难，因此造型艺术家喜欢选择人们所熟知的题材进行再创作，在诗里构思比表达难，诗人会尽量选择一种新奇的、新颖的题材进行创作；当可见的人与不可见的神同时出现在绘画中时，神高于人的那些特质，如体型巨大、臂力甚强、行动敏捷等，基本上都消失了，而诗人能够同时把握可见的人与不可见的神各自的特质，尤其能够使两者的悬殊感凸显出来。

当然，莱辛并不否认诗可以描写物体，画也能够刻画动作，他将造型艺术与诗的艺术喻为两个善良友好的邻邦，虽不同意对方侵犯自己的中心区域，但在边界的问题上却可以相互通融。就诗而言，虽然不宜以罗列的方式描绘物体。但是可以通过暗示的方式去描绘物体，莱辛举的例子是荷马对海伦的描绘，在《伊利亚特》中关于海伦美貌的细节性描绘着墨不多，而是记录了冷心肠的元老们望见海伦时所说的一番话："特洛伊人和胫甲精美的阿开奥斯人为这样一个妇人长期遭受苦难，无可抱怨；看起来她很像永生的女神啊；"①作者在这里用美产生的效果来暗示海伦的美貌。

朱光潜先生以中国诗词为例，对莱辛"诗和画的界限"问题进行了补充性说明，他将"诗描绘物体也须得通过动作去暗示"概括为"化静为动"。宋祁《玉楼春》中的"红杏枝头春意闹"，一个"闹"字，烘托出了浓浓的春意，是化静为动的典型；《陌上桑》中的"行者见罗敷，下担捋髭须；少年见罗敷，脱帽着帩头"，借由美的事物所产生的效果来暗示美，要比上文"头上倭堕髻，耳中明月珠"这段静态描写要生动得多；《诗经》中的"巧笑倩兮，美目盼兮"，通过描绘美人的姿态神情来暗示美，即化美为媚，比起上文"手如柔荑，肤如凝脂，领如蝤蛴，齿如瓠犀，螓首蛾眉"这种历数局部的方式要传神得多。②

总之，莱辛的《拉奥孔》是德国启蒙运动时期对此前的文艺思想进行批判的美学成果，这部作品不仅讨论了诗与画的界限，还考察了拉奥孔雕像群的作者、年代等艺术史方面的问题。综观全文，关于诗的艺术的讨论与关于造型艺术的讨论几乎是并列进行的，但很明显，莱辛对于诗的艺术更为看重，因为它的创作天地较之造型艺术的空间更为广阔和自由。

---

① [古希腊]荷马：《伊利亚特》，载《罗念生全集》第六卷，罗念生译，上海人民出版社，2015，第72页。

② 参见朱光潜：《诗学》，陈中梅译注，中华书局，2013，第323-324页。

第四章　诗与画的同一与差异

上一章主要探讨了西方美学中诗与画的关系问题，侧重于两者内在本质上的差异性，以及两者各自的艺术使命。在中国美学史、文艺批评史上亦不乏关于诗与画的同一与差异问题的探讨。本章以宋诗为切入点，结合中西美学史上的诗画理论，重在探讨诗与画在创造审美意象、创作规律方面所具有的同一性，以及两者分别作为时间艺术与空间艺术，在艺术表现与感染方式上的差异性。

一、诗与画的同一性

中国艺术原本就讲求多元化合与意境通透，无论是诗、书、画，还是歌、乐、舞，均追求浑然一体，尤其是以“郁郁乎文哉”著称的宋代。随着文人对于艺术意境的思考与表达臻于成熟，各类艺术互相渗透的现象愈加突出，诗歌与绘画更是如此。在这样一个大背景下，北宋大文豪苏轼以王维写过的一首五绝诗为参照，提出了“诗中有画，画中有诗”的深刻见解。

《东坡题跋·书摩诘蓝田烟雨图》云：

> 味摩诘之诗，诗中有画，观摩诘之画，画中有诗。诗曰：“蓝溪白石出，玉川红叶稀。山路元无雨，空翠湿人衣。”此摩诘之诗。或曰：“非也，好事者以补摩诘之遗。”

“诗中有画，画中有诗”，这个命题究竟是什么含义？简言之，诗以听觉来想象画面，画以视觉来领会意涵，王维的诗可将人从听觉引向视觉，他的画可将人从视觉引向听觉。清代美学家叶燮在《己畦文集》卷八《赤霞楼诗集序》中也对这一命题进行了解读。他认为，苏轼提出的“诗中有画，画中有诗”的说法还不够精确。他用“摩诘之诗即画，摩诘之画即诗”与“故画者，天地无声之诗；诗者，天地无色之画”来强调诗与画内在的一致性。并且他还引入了情感的维度来探讨这种一致性，“画者形也，形依情则深；诗者情也，情附形则显。”按照叶燮的理解，诗和画的互相渗透，既是情与景的互相渗透，也是动和静的互相渗透。

中国的诗与画在创造审美意象、意境等方面亦有着共同的追求。苏轼在《书鄢陵王主簿所画折枝二首》(其一)中云：

> 论画以形似，见与儿童邻。赋诗必此诗，定非知诗人。诗画本一律，天工与清新，边鸾雀写生，赵昌花传神。何如此两幅，疏澹含精匀。谁言一点红，解寄无边春。

这首诗用今人的话来说就是：作画只讲求形似的观点，跟小孩子的见识差不多，作诗只讲究格律的诗人，一定不是真正懂诗的人。作诗与作画的规律是相通的，它们的理想状态都是自然天成、清雅脱俗。边鸾善于将鸟雀画得栩栩如生，赵昌能将花卉描摹得十分传神，但都不如王主簿的这两幅画，在清幽淡雅中蕴含着匀称，有限的一点花红，便烘托出盎然春光。在苏轼眼中，真正高明的画作应是形似与神似的融合统一，它通过塑造某种意象，帮人抵达充满生趣的意境，诗画的同一或统一在于，它们在艺术意境上的互通与交合。

在宋代，有很多文人都和苏轼有类似的看法。如，孔武仲说：“文者无形之画，画者有形之文，两者异迹而同趣。”(《宋伯集》卷一《东坡居士画怪石赋》)张舜民说得更加直白：“诗是无形画，画是有形诗。”(《画墁集》卷一《跋百之诗画》)黄庭坚说：“李侯有句不肯吐，淡墨写出无声诗。”(《次韵子瞻子由憩寂图》二首其一)这些诗句都是把画比作“无声诗”或“有形诗”，把诗说成“有声画”或“无形画”，也就是说，诗画在创作审美意象方面具有同一性。

宋代的士人阶层对于绘画普遍具有诗意的追求，郭熙、欧阳修等人所倡导的士人传统，讲究知识胸襟，强调画外之意，追求优雅而精细的审美趣味。因此，宫

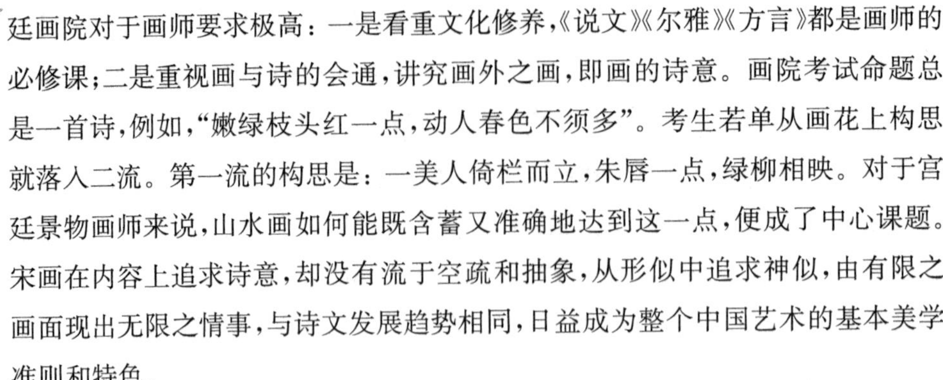

廷画院对于画师要求极高：一是看重文化修养，《说文》《尔雅》《方言》都是画师的必修课；二是重视画与诗的会通，讲究画外之画，即画的诗意。画院考试命题总是一首诗，例如，“嫩绿枝头红一点，动人春色不须多”。考生若单从画花上构思就落入二流。第一流的构思是：一美人倚栏而立，朱唇一点，绿柳相映。对于宫廷景物画师来说，山水画如何能既含蓄又准确地达到这一点，便成了中心课题。宋画在内容上追求诗意，却没有流于空疏和抽象，从形似中追求神似，由有限之画面现出无限之情事，与诗文发展趋势相同，日益成为整个中国艺术的基本美学准则和特色。

李泽厚在《美的历程》“宋元山水意境”一章中指出：绘画艺术的高峰在宋元，中国山水画的成就超过了其他许多艺术部类，是为世界艺术史上罕见的美的珍宝。① 笔者认为，这与中国山水画重视具有稳定性的整体境界给人情绪的感染效果有密切关联。在这种用心经营的稳定的整体境界中，人们很容易置身画内，用心去体味画中的诗意；同样，在吟诵一首充满山水意象的诗的同时，人的情绪也会被感染，心神自由驰骋到空灵的山水之间。

在西方，希腊抒情诗人西蒙奈底斯说，“诗是有声画，犹如画是无声诗”，罗马诗人、文艺批评家贺拉斯言，“诗如画”，都是主张诗画一律，长期以来被文艺理论家们奉为至理。莱辛虽然指出，诗与画各有其规律，它们在题材、媒介、心理功能与艺术理想等方面都有差别，但是他也承认，画作可以通过物体用暗示的方式去模仿动作，诗也可以通过动作用暗示的方式去模仿物体。简言之，诗可以化静为动，画可以化动为静。

值得注意的是，西方的诗和画不同于中国传统绘画与诗歌，西方的诗最初的形态是叙事诗，以史诗与戏剧为代表，古典绘画则多以神话、宗教或历史为题材，立意呈现真实世界，表现真实的人和真实的生活，就像肉眼所看到的一样；中国传统绘画在宋元时期，出现了刻意摆脱写实主义的倾向，最具典型性的是文人画。它不受西方文艺理论“模仿说”的限制，绘画的目的不是再现自然，而是表现自然，不求“形似”，而是要“寄兴”，即寄托艺术家的想法与感受、思想与性情，因而中国传统绘画，尤其是宋代文人画在本质上与诗歌更具有相通性。

---

① 参见李泽厚：《美的历程》，天津社会科学院出版社，2001，第 268 页。

二、诗与画的差异性

中国古代美学家在注意到诗和画的同一性的同时，也没有忽视两者之间的差异性。北宋著名诗人、理学家邵雍在《伊川击壤集》卷十八《诗画吟》中说：

画笔善状物，长于运丹青。丹青入巧思，万物无遁形。诗画善状物，长于运丹诚。丹诚入秀句，万物无遁情。

邵雍认为，诗与画虽均可"状物"，但两者各有其特点：诗善于"运丹诚"，状物之"情"（动态），而画善于"运丹青"，状物之"形"（静态）。换言之，诗重在抒发创作者的情感、表现其内在精神，画重在表现事物的外在形象。

北宋学者沈括在《梦溪笔谈》卷十七《书画》中也谈到画的局限性："凡画奏乐，止能画一声。"意思是说，绘画作为空间艺术，只能表现最低限度的时间，只能截取全部事件中的一个片刻，即刹那间的物态、景象。尤其是，诗人所描绘的意境并不一定都能画得出来，《苏文忠公全集》卷六八中记载的参廖论杜诗一则，就蕴含着对画的这一局限的深刻洞察："老杜诗云：'楚江巫峡半云雨，清簟疏帘看弈棋。'此句可画，但恐画不就尔！"诗中高蹈空灵的意境，唯有从诗句中体味，而难以在画作中呈现。

上一章我们在讨论造型艺术与诗的艺术的特征和界限时，主要是从西方学者的视角出发，在使用媒介、选取题材与所用感官方面去思考画和诗的相异之处。具体而言，绘画以线条和颜色为媒介，通过眼睛来感受，宜于描绘那些同时并列于空间的物体，不宜于处理事物的运动、变化与情节；诗以语言和声音为媒介，通过耳朵来接受，宜于叙述那些在时间中先后承续的动作，不宜于充分地、逼真地描写静止的物体。一句话，画是空间艺术，它受空间规律的支配；诗是时间艺术，它受时间规律的支配。

中国学者则更看重两者在造型、达意、抒情上的差异性。明末清初的学者张岱在他的《琅嬛文集》卷三《与包严介》中有一段话说得明白：

若以有诗句之画作画，画不能佳；以有画意之诗为诗，诗必不妙。如李青莲《静夜思》诗："举头望明月，低头思故乡。""思故乡"有何画？王摩诘《山路》诗"蓝溪白石出，玉川红叶稀"尚可入画；"山路元无雨，空翠湿人衣"则何以入画？又《香积寺》："泉声咽危石，日色冷青松。""泉声""危石""青松"，皆可描摹，而"咽"字、"冷"字，则绝难画出。故诗以空灵才为妙诗，可以入画之诗，尚是眼中金银屑也。

张岱首先指出，如画之诗与如诗之画未必是上乘之作，进而以李白的《静夜思》与王维的《山路》为例，提出画与诗各自的不可替代性，两者皆有其擅长的独到观点，这就不仅限于时间和空间的问题了。他认为，像"湿""冷""咽"这一类的触觉、听觉与情感上的感受，以及像"思故乡"这样的内在精神状态，都很难在画面上淋漓尽致地表现出来。最后得出结论：诗要有空灵的境界才是好诗，能入画的诗句，就如同是障眼之物。

总而言之，诗与画正因为在艺术表达和感染方式上的诸种不同，才使得它们的融通显得尤为可贵。因此诗与画的同一与差异问题，不仅是中国美学家很感兴趣的问题，例如宋代的张舜民提出"诗是无形画，画是有形诗"，也是西方美学家经常探讨的话题，例如希腊抒情诗人提出"诗是有声画，犹如画是无声诗"。无论是作为时间艺术的诗歌还是作为空间艺术的绘画，当他们在塑造巧夺天工的艺术形象时，都有着共同的目的——使艺术在创新上能与自然比美而又胜过自然。作为欣赏者，当我们在优美的诗歌中领会历史的节奏和画面的变幻时，当我们在瑰丽的绘画中体味流动的情节和迸发的想象时，这两种艺术已然融会贯通。

第五章　审美主体与审美契机

实践活动的主体是人，而审美活动是人类一切实践活动中最基本的活动之一，因此，简单地讲，审美主体就是在审美活动中具有审美能力的人。① 在马克思看来，作为审美主体的人不仅是手段，也是目的本身。审美主体作为一个重要的美学范畴，它的生成是一个历史的、现实的过程。在美学史上不乏美学家对审美主体作出理论上的诠释和规定，但直到康德为止，其理论内涵才被真正确立下来。本章通过对康德美学的四个契机进行具体分析，从中得出审美主体在审美活动中所必须恪守的原则，即非功利性、无概念的普遍性、无目的的合目的性、非概念的必然性（共通感），这些原则对审美主体的确立以及审美主体的自律具有理论上的奠基意义和实践上的指导作用。

1724 年，康德生于德国的格尼斯堡，他的父母均为虔诚派教徒，因此他小时候读了以严格的纪律管束著称的虔诚主义教派的学校。他的生活作息被喻为像上了发条的钟表一般精准。他本人高度自律，他的男仆需要按照他的要求每日清晨 5 点准时将他唤醒，决不姑息以身体不适为由而赖床、误事。据说格尼斯堡的家庭主妇们会根据康德下午散步经过自己家门口的时间来校准钟表。康德的生活虽然带有很强的学究气，但并不妨碍他与当时社会名流的交际，据说他每日都会邀请客人与他共进午餐，常备有美酒佳肴，谈笑风生直至下午 3 点。德国浪漫主义先驱约翰·戈特弗里德·冯·赫尔德（Johann Gottfried von Herder，1744—1803）在听过康德的讲座后，曾这样评价康德："无论是人类的历史，还是国家的抑或自然的历史，自然科学、数学和他本人的经验都是让他的讲座和日常

① 参见何坎：《审美主体的两种涵义》，《广州大学学报》1992 年第 1 期。

生活生动起来的源泉……他鼓励人们去独立思考，即使强迫他们也不失温和：他绝对没有钳制他人的本性。"①赫尔德对康德才华与思想的钦佩之情溢于言表。

康德在大学的授课内容涵盖哲学的方方面面，他最具影响力的学术著作为《纯粹理性批判》(1781)、《实践理性批判》(1788)与《判断力批判》(1790)。前两部著作分别关注形而上学的知识论与伦理学，"第三批判"则主要关心美学问题，分为"审美判断力批判"和"目的论判断力批判"两大部分。在美学史上，康德第一次集中且明确地把美学探讨的重点移向了对理性主体审美能力的考察，把对美和美感的理解定位于人的主体能力。康德认为，审美愉悦是与直接经验密切相关的，审美判断依赖于感觉，而非任何概念、推理或分析，这其实为美学研究掀开了崭新的篇章。在此之前美学研究者们倾向于，将主体的审美愉悦建立在对审美对象进行概念化的考察与分析之上，把"美"理解为审美对象的一种性状。康德虽然否认了审美判断建立在概念之上，却承认任何一个审美判断具有普遍有效性，也就是说，审美判断包含着一种"应当"。比如：我感觉一朵花是美的，他们也应当觉得这朵花美。他人与我的感觉相同，这个假设的合法性并非源自经验，而是基于先天的一种能力。康德在"审美判断力批判"中的美的分析部分，通过审美判断的四个契机概括出对审美判断的普遍性说明，审美判断的四个契机中其实还蕴含着对审美主体的诸多先验规定。这既为审美主体的建构提供了理论说明，也为区分审美主体与非审美主体提供了标尺。

一、历史维度中的审美主体

马克思认为，审美主体的形成是一个现实的历史过程。首先，主体的审美感觉和能力是在"人化的自然界"中产生出来并得以确证的。社会实践是一个历史范畴，各个时代的社会实践具有不同的历史内容。因此，不同时代的审美主体所具有的审美感受能力也有很大的差异，由此呈现出审美主体的历史发展过程。

其次，审美主体的审美能力是在实践活动中历史地生成的。社会人的感觉不同于非社会人的感觉。只有生活在社会关系网络之中的现实个人才拥有真正

---

① [英]斯克鲁顿：《康德》，刘华文译，译林出版社，2013，第9页。

意义上的美感，而社会人的感觉只能是历史沉积的产物。正如马克思所言："社会人的感觉不同于非社会人的感觉。只是由于人的本质的客观地展开的丰富性，主体的、人的感性的丰富性，即有音乐感的耳朵、能感受形式美的眼睛，总之，那些能成为人的享受的感觉，即确证自己是人的本质力量的感觉，才一部分发展起来，一部分产生出来。因为，不仅五官感觉，而且所谓精神感觉、实践感觉（意志、爱等等），一句话，人的感觉，感觉的人性，都只是由于它的对象的存在，由于人化的自然界，才产生出来。五官感觉的形成是以往全部世界历史的产物。"①

再次，由于人是一种有意识的社会存在物，他历史地形成具有社会性的需要，其诸多社会性需要中也包括审美的需要。人的这种本性即需要实际上就是作为审美主体所遵循的尺度，它同样经历了一个漫长的历史过程。

最后，在对审美主体进行界定的同时，也就暗含了其对立面即非审美主体的存在。在现实生活中，非审美活动成为审美活动的外在限度，无限的美感止步于人们有限的审美体验；审美活动本身所具有的超越特性注定会让非审美主体对美"视而不见"。② 非审美主体，在马克思的异化劳动理论那里得到了充分阐释。马克思肯定了审美主体的感觉能力和感觉性质对审美活动的依赖关系，同时尖锐地指出，"劳动创造了宫殿，但是给工人创造了贫民窟。劳动创造了美，但是使工人变成畸形。劳动用机器生产代替了手工劳动，但是使一部分工人回到野蛮劳动，并使另一部分工人变成机器。劳动产生了智慧，但是给工人生产了愚钝和痴呆。"③在异化劳动中工人不但遭受苦难而且极端贫困化，工人"在自己的劳动中，不是感到幸福而是感到不幸"④。这里的"劳动"完全可以看作一种非审美的被异化的活动，"工人"——感觉不到审美愉悦的非审美主体——虽然按照美的尺度进行生产，但是这种生产劳动对于他们来说是一种异化的、外在的活动。非审美主体在按照美的尺度的生产中并没有肯定自己，反而否定自己。作为非审美主体的劳动者，虽然通过劳动创造了美，但是在其整个劳动过程中却不能获得审美享受，丧失了美的感受能力。此时，劳动与美的天然血缘关系、人的现实存

---

① ［德］马克思、恩格斯：《马克思恩格斯全集》第 42 卷，人民出版社，1979，第 126 页。

② ［法］阿尔都塞：《读〈资本论〉》，中央编译出版社，2001，第 18 页。

③ ［德］马克思、恩格斯：《马克思恩格斯全集》第 42 卷，人民出版社，1979，第 93 页。

④ 同上书，第 91 页。

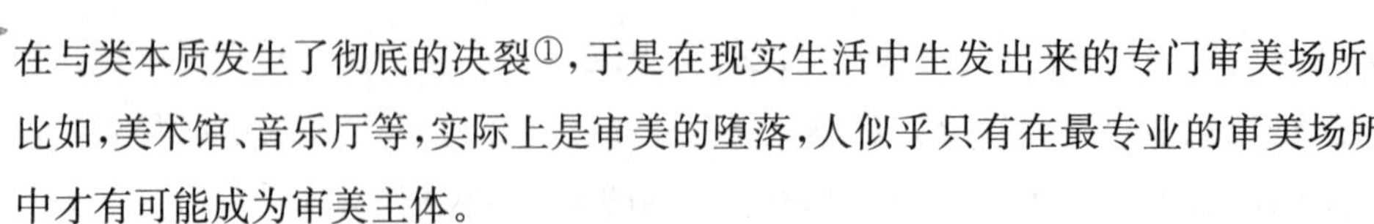

在与类本质发生了彻底的决裂①，于是在现实生活中生发出来的专门审美场所，比如，美术馆、音乐厅等，实际上是审美的堕落，人似乎只有在最专业的审美场所中才有可能成为审美主体。

非审美主体作为审美主体的异化了的存在，其可怜的生存处境让其彻底绝缘于审美活动：对于一个忍饥挨饿的人来说并不存在人的食物形式，而只有作为食物的抽象存在；忧心忡忡的穷人甚至对于最美丽的景色都没有什么感觉；贩卖矿物的商人只看到矿物的商业价值，而看不到矿物的美和特性；他们没有矿物学的感觉。② 非审美主体对生活的忧虑使他们根本不可能具备非功利的审美态度。反过来说，审美主体的审美态度不仅源自作为社会人的感觉，还需要以最基本的物质条件为支撑。

总之，在马克思看来，审美主体是具有审美感知和艺术创造能力的人。在与审美客体发生关系的时候，他不以片面的、肉体的需要为尺度去打量物，而是在对客体的直观中发现人的本质力量；非审美主体是审美主体异化了的存在，是囿于粗陋感性需要而丧失审美能力的人。他与物的关系是，非审美主体直接占有物、拥有物，物只以纯粹的有用性取悦于他。

审美主体作为历史发展的产物，可以对它进行动态考察，研究它的历史发展轨迹。本文认为，审美主体在历史中的运动方式，至少表现出两种形态。

审美主体的历史运动的第一种形态是潜在的审美主体转变为真正的审美主体。审美主体的历史运动过程，在古希腊时期表现得尤为突出。在古希腊时期，人们使用十分简单粗笨的工具，社会的分工在较大程度上还建立在纯生理的基础之上，脑力劳动与体力劳动的分工还停留在简单和自发的状态。在这样一种水平的生产力状况下，希腊人更多的是依赖和适应自然环境，而不是征服和支配自然环境。古希腊人自身的这种“自然状态”，形成了他们独特的审美态度。古希腊人抒写了丰富瑰丽的神话和史诗，这说明，他们对自然力在想象中的征服已经代替了实质性的征服。这些神话故事有着重要的人类学的美学意义，它们表达了人类在童年时期的审美态度和审美理想。这一时期的审美的人，是阅读荷

---

① [德]马克思：《1844 年经济学哲学手稿》，人民出版社，2000，第 57-60 页。

② [德]马克思，恩格斯：《马克思恩格斯全集》第 42 卷，人民出版社，1979，第 126 页。

马史诗的人，是为《伊利亚特》着迷的人。他们的感觉敏锐且富有情感，这既有利于去发现美，又有利于去创造美。作为人类的童年，古希腊人在文明程度（与近代人相比）较低的情况下，其感受往往集中于最普通的形式上，如线条、形体、色彩等等。加上他们对自然的崇拜，因而更多地去发现自然现象的审美特性，并且能够敏锐地捕捉和真实地表现对象的感性方面，创造出一种具有惊人魅力的感性美，在公元前 5 世纪前后，希腊的音乐、建筑、绘画、雕刻等艺术已经极为繁荣——希腊人在发现和创造这种感性美的同时变成了审美的人，即审美主体。

审美主体的历史运动的第二种形态是审美主体沦落为非审美主体。在席勒、黑格尔和马克思的理论论述中，都涉及这一历史现象。在席勒看来，这种堕落的过程表现为"自然人"向"文化人"的转变历程。他认为，人大致可以分为两类，一类是自然人，另一类是文化人（或者说是处于文明状态的人）。对于自然人来说，人性是一个和谐的整体，感性与理性、认识与实践等人性的各个部分之间并不互相分离，当然也就谈不上彼此对立。席勒在《美育书简》中把这种和谐的人性称之为"完美的人性"。① 希腊艺术的魅力即在于它能使人们看到和谐的人性，这种对和谐的人性的体察将有助于我们成为审美的人。但是对于文化人来说，观念或概念压倒了现实、理性压倒了感性、伦理目的压倒了一切，人性就不再是一个和谐的整体。随着人性的肢解而产生了非审美的人。黑格尔表达了类似的观点。他认为，与近代相比，古希腊时期是人类较为年少的时代，希腊人是同"文明人"相区别的"野蛮人"。此时，希腊人的"精神"与"自然"相统一的性格是一种"美的个性"，与文明人相比，希腊人还处于自然状态中，他们不能脱离"自然"的刺激，也不能没有自然所提供的材料。所以，希腊人所创造的一切都有点像艺术品，因为审美主体在审美创造活动中达到了理念与形象的协调。可是，当人类进入"市民社会"，创造希腊艺术的审美主体就开始堕落了，因为异化破坏了审美活动，人变成了文明的人，他感性的一面被理性深深地压抑了：一方面，艺术家在作品中展现的不再是理念与形象的和谐，而是一种分裂。另一方面，欣赏艺术作品的人，要么带有认识的目的，要么带有伦理的目的，从而失去了感悟艺术中感性美的能力。阿多诺认为，现代工业社会是一个压抑人，造成人性分裂、异

---

① ［德］席勒：《美育书简》，徐恒醇译，中国文联出版公司，1984，第 116 页。

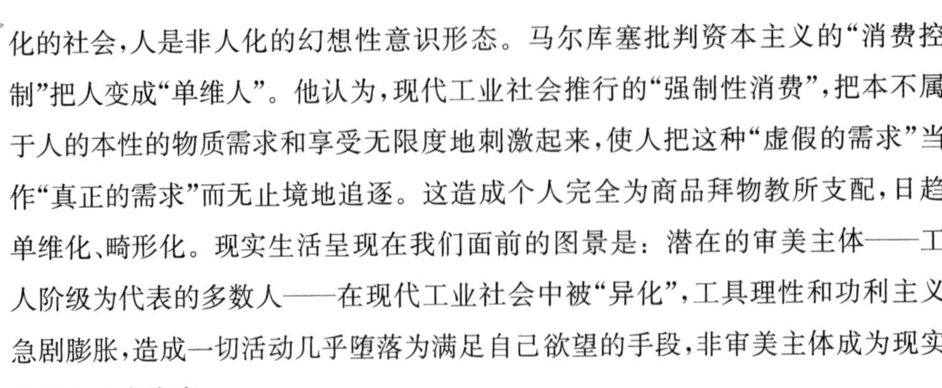

化的社会，人是非人化的幻想性意识形态。马尔库塞批判资本主义的“消费控制”把人变成“单维人”。他认为，现代工业社会推行的“强制性消费”，把本不属于人的本性的物质需求和享受无限度地刺激起来，使人把这种“虚假的需求”当作“真正的需求”而无止境地追逐。这造成个人完全为商品拜物教所支配，日趋单维化、畸形化。现实生活呈现在我们面前的图景是：潜在的审美主体——工人阶级为代表的多数人——在现代工业社会中被“异化”，工具理性和功利主义急剧膨胀，造成一切活动几乎堕落为满足自己欲望的手段，非审美主体成为现实生活中人之常态。

二、康德美学的四个契机对审美主体的规定

毋庸置疑，审美主体遭到异化的原因，一方面来自历史中诸多的现实因素，另一方面根源于主体本身缺少某些能力。康德侧重于说明后者。在他看来，审美活动必须遵从的先天原则才是审美主体得以生成的绝对前提。康德通过对审美判断力的考察，确认出审美主体在审美活动中应当遵守的法则，从而为非审美主体扬弃异化重新成为审美主体提供了理论上的依据。审美主体何以可能，即主体之鉴赏能力的获得，需要明了和恪守以下几项原则。

第一，审美主体应具有无利害性的审美态度。康德认为，主体在审美活动中获得的愉悦是无利害的。审美主体只关心与美有关的表象，而对表象的对象之实存是无所谓的，对之采取一种超然的漠视态度。康德坚信：“要说一个对象是美的并证明我有品位，这取决于我怎样评价自己心中的这个表象，而不是取决于我在哪方面依赖于该对象的实存。每个人都必须承认，关于美的判断只要混杂有丝毫的利害在内，就会是很有偏心的，而不是纯粹的鉴赏判断了。我们必须对事物的实存没有丝毫倾向性，而是在这方面完全持无所谓的态度，以便在鉴赏的事情中担任评判员。”[①]

康德由此揭示出了成为审美主体的第一条原则，主体应具有无利害性的审美态度。这一点在康德区分鉴赏判断的愉悦与快适的愉悦、善的愉悦时体现得

---

① ［德］康德：《判断力批判》，人民出版社，2002，第 39 页。

更为充分。快适就是使人的感官欢喜的东西，因此主体对快适的愉悦与感官利害相结合，而审美主体在鉴赏判断中所得到的愉悦与感官的快适无关。主体对善的愉悦，包含着对于善的对象的认识，也就是必须清楚地拥有关于这个对象的概念。而对于进行鉴赏判断的审美主体来说，同样并不需要这样做。“快适和善两者都具有对欲求能力的关系，并且在这方面，前者带有以病理学上的东西（通过刺激，stimulos）为条件的愉悦，后者带有纯粹实践性的愉悦，这不只是通过对象的表象，而是同时通过主体和对象的实存之间被设想的联结来确定的……反之，鉴赏判断则只是静观的，也就是这样一种判断，它对于一个对象的存有是不关心的，而只是把对象的性状和愉快及不愉快的情感相对照。但这种静观本身不是针对概念的；因为鉴赏判断不是认识判断（既不是理论上的认识判断也不是实践上的认识判断），因而也不是建立在概念之上乃至于以概念为目的的。”[①]可见，审美的无利害性，清晰地将美感与实际的欲望、审美关系与实际利害关系区别开来，将审美主体和非审美主体区分开来。当主体排除了感官快适的利害和理性道德的利害并由此获得关于美的愉悦时，才可以说他是审美主体；反之，在感官的利害和理性的利害影响下的主体——非审美主体——就难以获得审美愉悦，更失去了作出审美判断的自由。

第二，审美主体作出的审美判断应具有非概念的普遍有效性。康德所说的概念实质上是指有限的知性概念，它在可能性上无法容纳下美，美只能用完整而又无限的理念来指称。[②] 在康德那里，美是无概念地作为一个普遍愉悦的客体被设想的，而根植于主体内心的普遍可传达性，为鉴赏判断的主观条件奠定了基础。审美主体由表象所激发出来的诸认识能力在鉴赏判断中处于自由的游戏中，“因为没有任何确定的概念把它们限制于特殊的认识规则上面，所以内心状态在这一表象中必定是诸表象力在一个给予的表象上朝向一般认识而自由游戏的状态”[③]。审美主体在审美活动中感到完全自由和愉悦，他所获得的美感不是通过概念被证实，而是从别人的赞成中期待着被证实，因此具有主观的普遍性。

① ［德］康德：《判断力批判》，人民出版社，2002，第 44 页。

② ［德］康德：《纯粹理性批判》，华中师范大学出版社，2000，第 334 页。

③ ［德］康德：《判断力批判》，人民出版社，2002，第 52 页。

这里，康德实际上为审美主体的建构提出了一项要求，即要求主体不要试图用概念——确切地说是知性概念——来理解美的事物，因为美感是根植于普遍人性中的东西，它不能通过有限的知性概念来把握，美感是不借助于概念而在愉悦方面被假定的普遍同意。审美主体不借助概念来表达自己的审美情感，并且期望被人赞同，这也就是"人同此心，心同此理"的意义之所在。反之，非审美主体，由于没有经历其认识能力——知性和想象力的自由活动，也就不可能有着普遍可传达的心意状态。

第三，审美主体在审美活动中具有无目的的合目的性。康德在关系的契机中指出，审美活动必须将"无目的的合目的性"原则一以贯之。康德将目的判断分为外在目的和内在目的两大类。外在目的是指事物本身的有用性，涉及现实的利害关系和道德的善，具有浓厚的功利意味；内在目的指事物自身的完满性，即在概念上符合事物的目的，涉及对对象的知性理解，属于人的认识领域。① 但审美判断既不涉及概念，又不涉及实际的利害关系，既无内在目的，也无外在目的。对于审美主体来说，这种无目的性其实具有主观形式上的合目的性。主观形式的合目的性是指审美主体在审美活动中，其诸认识能力自由协调活动所引起的愉悦本身，它一方面包含主体在激活其认识能力方面的能动性的规定根据，另一方面却不被局限于构成确定知识的概念本身，因而有一个表象的主观合目的性的单纯形式。② 由此看来，主观形式的合目的性运用在审美活动中，实际上是一种不依据知性而依据情感的思维方式。正是因为这一点，审美合目的性的目的，便不是现实中的目的，而只是体现一种顺应情感的情调，是主体的一种不刻意为之的行为。康德认为，审美意象反映了一种主观的合目的性，主体可以借助于想象力来把握，本身并没有反映出对象的完满性，因为在审美活动中，对象不是通过一个特定的目的被思考的，而是在主观心意状态中，体现了形式的合目的性。例如，主体以自身的情感来理解自然，通过这种拟人化的方式将作为必然的自然看作一个整体，而这个整体是自由的，这也是构成审美的判断的前提之一。

---

① [德]康德：《判断力批判》，人民出版社，2002，第 280-281 页。

② 同上书，第 57-58 页。

第四，审美主体作出的审美判断具有不依赖概念的必然性。审美判断之所以具有必然性而非个人的主观任性，在于审美过程中的共通感。共通感即一种"可传达性"，它不同于知识判断凭借概念而取得的客观确定性，而是建立在主体普遍赞同前提下的主观条件的普遍性。因为，"在我们由以宣称某物为美的一切判断中，我们不允许任何人有别的意见；然而我们的判断却不是建立在概念上，而只是建立在我们的情感上的，所以我们不是把这种情感作为私人情感，而是作为共同的情感而置于基础的位置上。于是，这种共通感为此目的就不能建立于经验之上，因为它要授权我们做出那些包含一个应当在内的判断：它不是说，每个人将会与我们的判断协和一致，而是说每个人应当与此协调一致。"①美是一种不凭借概念的普遍有效的愉快，而这种愉快又是先验的，因此是必然的。也就是说，在审美活动中主观普遍性的要求，同时也是必然性的要求。康德以共通感这个假定前提作为审美判断的基础，意味着整个审美鉴赏判断理论都是奠定在共通感的基础上的。没有共通感，主体的愉快的情感只是私人趣味或经验，而无法获得普遍传达，因而也就无法引起共鸣。审美主体因为有了预设的共通感，才能够将个体的情感传达给他人，作出具有必然性的审美判断。审美判断的必然性不能从确定的概念中推出来，因而不同于任何客观的和认识的判断。这种必然性被康德称为"示范性"，"即一切人对于一个被看作某种无法指明的普遍规则之实例的判断加以赞同的必然性"②。从模态契机中，我们得出了构成审美主体的最后一条规定，即能够以共通感为原则作出不依赖概念且具有必然性判断的主体才能称之为审美主体。反之，则为非审美主体。

三、审美的四个契机对审美主体历史生成的意义

康德认为，人的心灵有知、情、意三种能力。"知"是人的认识能力在知识领域内所担当的职责，"意"作为人的欲求能力或意志能力在理性道德领域发挥作用，而"情"作为审美主体的判断力即鉴赏能力则是沟通"知"与"意"的中间环节，使从自然概念领地到自由概念领地的过渡成为可能。康德在人的情感领域对审

---

① ［德］康德：《判断力批判》，人民出版社，2002，第76页。

② 同上书，第73页。

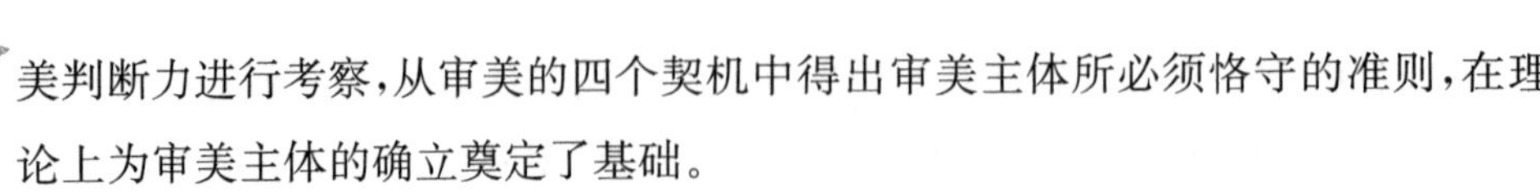

美判断力进行考察，从审美的四个契机中得出审美主体所必须恪守的准则，在理论上为审美主体的确立奠定了基础。

其一，美学史上已有很多美学家对审美的无功利性、主观形式的合目的性、审美情感做过理论探讨，但是只有到了康德那里，这些原则才被严格地界定为审美主体的先天原则。早在古罗马时期，普罗提诺就认为美是“太一”在感官中的直接表现，而且是仅仅通过感性形象的途径在感官中的表现。它与真、善有同样的尊严，并不从属于道德。他认为，审美主体只从形式中感受美，而不是从物质中感受美。这一思想已经很接近康德在关系契机中的观点，即审美主体在审美活动中应具有主观形式的合目的性。中世纪最伟大的神学美学家圣·托马斯·阿奎那将美与善区分开来，“美与善毕竟有区别，因为善涉及欲念，是人都对它起欲念的对象，所以善是作为一种目的来看待的；所谓欲念就是迫向某目的的冲动。美却只涉及认识功能，因为凡是一眼见到就使人愉快的东西才叫做美的”①。因此，在阿奎那看来，“单纯满足欲念的东西称为善，而把单靠实体感知本身就能带来快感的东西叫做美”，并且“美在本质上是与欲念无关的，除非美同时具有善的本质”。② 这就从客体方面明确提出“美”无关乎道德利害。18 世纪英国经验派美学家夏夫兹博里认为，大自然的形状、色彩、动态、比例等形式方面的东西呈现于人的眼前，心灵直接会发现一种丑或美，从而产生赞赏或非难的情感，他把这种直觉能力和情感看作美德。当夏夫兹博里用特定的情感作为真和善的根据时，这种情感自身是不涉及利害的，而是来自对真实、秩序和均衡的热爱。这些美学史上的探讨与康德的美学思想具有很大的内在关联性。这样看来，康德强调“无利害”原则应当从道德领域过渡到审美领域，成为美学史上一个合乎逻辑的结论。需要强调的是，康德所讨论的审美主体是理论上可能的审美主体，而非现实的审美主体。这种可能的审美主体对现实审美活动中能动的自觉的主体是一种指引和启发。人只有从当下的实践活动出发，将“无利害性”“无目的的合目的性”“无概念的普遍性”“非概念的必然性”这些先天原则作用于当下的审美活

① ［意］托马斯·阿奎那：《神学大全》（第一卷），马奇主编《西方美学史资料选编》（上卷），上海人民出版社，1997，第 74 页。

② 同上书，第 216 页。

动，才能够生成真正的审美主体。

其二，康德认为，构成审美主体的关键因素是人类情感。情感对于各个时期的审美活动具有永恒的价值，人类早期的审美意识基于情感，能够启发现代人审美意识的仍然是情感。“为了分辨某物是美的还是不美的，我们不是把表象通过知性联系着客体来认识，而是通过想象力（也许是与知性结合着的）而与主体及其愉快或不愉快的情感相联系。”①康德进一步指出，这种内嵌于审美主体内部的情感必须具有普遍性，即“共通感”。审美主体具有“共通感”的预设是一种“应当”，它“具有客观性的主观性”②，它让鉴赏力从低级的感性感知中摆脱出来，并让审美主体在宣称某一对象为美时也征求着别人的赞同。

其三，康德强调审美主体必须具备进行审美活动所需的审美能力。因为并不是任何人都能获得审美的愉悦，只有具备了某种“能力”的人才能如此，也只有这些人可以称为审美主体。康德将这种能力称为“审美判断力”或“鉴赏力”，它属于一种“反思性的判断力”。“反思性的判断力”是针对“规定性的判断力”而言的，后者以获得知识为目的，借助于有限的知性概念来建构经验表象；而作为鉴赏力的“反思性的判断力”则指向主体内心的情感世界，通过想象力和知性的自由协调的游戏（Spiel），获得一种无利害的自由的愉快。③ 德文 geschmack 是品位、爱好、鉴赏、审美的意思。康德认为，geschmack 有一个从低级到高级的发展过程，如果老是停留在低级的欣赏水平上，那么这个民族的文化是不发达的。只有审美鉴赏力发展到高雅这个层次，才能说明文化水平高，才能更体现出人性。他为审美提供了一个先天的原则，就是反思的判断力。这也就为审美主体的生成提供了坚实的理论依据。黑格尔对康德美学的最高成就的概括是这样的：“我们在康德的这些论点（即审美四契机）里所发现的就是：通常被认为在意识中是彼此分明独立的东西其实有一种不可分割性。”④无论是无利害感的愉悦、无目的的合目的性，还是非概念的普遍有效性、不依赖概念的必然性，它们都统一于审美主体的态度和情感。

---

① ［德］康德：《判断力批判》，人民出版社，2002，第 37 页。

② ［法］保罗·利科：《历史与真理》，上海译文出版社，2004，第 3 页。

③ ［德］康德：《判断力批判》，人民出版社，2002，第 382 页。

④ ［德］黑格尔：《美学》（第一卷），商务出版社，1996，第 71 页。

在西方美学史上，如果说康德之前的美学从来不曾如此紧密地与“人”联系在一起，从来不曾如此明确地表现出对审美主体的肯定，那么在康德之后，再也没有人能够忽视美学与审美主体的深刻关联。“严格意义上的美的理想是超过它的某种东西。只有在人类身上，它才有意义。”①毫无疑问，审美四个契机中对审美主体的诸多规定开启了崭新的理论旨趣。美学不再是对审美心理的经验性描述，不再是低级的感性认识完善，而开始具有了形而上的本体指向。从这时开始，对美的思考才真正成为对人的思考，对审美主体的重新确立才真正成为对人的肯定。现实中的人，在进行审美欣赏或者审美创造时，其认识能力处于一种自由的活动中，从中得到满足和精神上的愉快。在这种满足中，主体意识到自己是自由的。当这种意识出现时，真正的审美主体就诞生了。②

---

① [英]鲍桑葵:《美学史》，广西师范大学出版社，2001，第 245 页。

② 原文第一次发表在《理论与现代化》，2009 年第 5 期，第 55-60 页。

第六章 “手工复制时代”的誊写美学

德国美学家、文学批评家瓦尔特·本雅明(Walter Benjamin, 1892—1940)生于德国柏林一个富裕的犹太家庭。从他在40岁时写的回忆录《柏林童年》中可以看到,他的家庭为其教育、成长提供了优渥的条件。他在少年时期,师从古斯塔夫·魏内肯(Gustav Wyneken),这位教育改革家倡导一种青年文化学说,认为年轻人在道德上比老年人优越,在智识上比老年人有灵性,因此应该将他们教育成护卫精神的“骑士”。本雅明的博士论文题目是《论德国浪漫派的艺术批评概念》,他在1919年以优异的成绩通过了博士论文答辩。但是,当时他如果想在大学拥有教职,还需申请“特许任教资格”,于是撰写了授职论文《德意志悲苦剧的起源》,于1925年正式递交法兰克福学派哲学院,结果却被建议撤回论文,理由是“完全难以读解”。[①] 在此之后,本雅明的思想发生转向,由旧德国文学转向了法国现代主义——超现实主义,开始翻译普鲁斯特的作品,阅读马克思主义的理论著作,并且基本走上了依靠撰文谋生的跌宕生活,写作了大量的报刊评论、专栏文章与广播稿,成为20世纪20至30年代德国文学圈内小有名气的文人学者。

由于法西斯的上台,本雅明作为犹太人,他的命运岌岌可危,最终下决心申请美国移民签证,投奔已经由社会研究所迁至美国的阿多诺与霍克海默。1940年秋,本雅明和一伙人一起翻山去往西班牙,他们计划由西班牙转道美国。他随身带了一只黑色的皮箱,里面装着他最后的手稿。在沿着小路向山顶攀登时,本雅明拒绝回头,不畏严寒坚持在山顶过夜。这伙人被隔在了西班牙边境小城布港(Port Bou)。新的签证规则规定,本雅明没有政府发的出境签证就不能进入西

① 参见[德]本雅明:《德意志悲苦剧的起源》,李双志、苏伟译,北京师范大学出版社,2013,第1-2页。

班牙。第二天，在某个旅店，在被强迫回法国之前，健康不佳且极度疲惫的本雅明在绝望之际咽下了过量的吗啡片，1940 年 9 月 26 日，他与世长辞。

在本雅明笔下，“驼背小人”（德国童话人物）的出现，意味着厄运降临，而他真实的人生似乎也永远伴随着这个喜欢捉弄人的“驼背小人”，暗示着他的“笨拙”与“倒霉”。他如果能早一天离开法国，就能进入西班牙，进而顺利抵达美国。或者他在 20 世纪 20 年代就去巴勒斯坦，就会像他的朋友肖勒姆一样当上了一名大学教授。但他的生命最终止于布港，关于他的死因也流传着不同的版本。本雅明的墓碑上刻着：“任何文化的文献同时也是野蛮主义的文献。”①本雅明生前并非赫赫有名的人，只在知识分子的圈子中有一点儿小名气，在他去世后布莱希特感慨道：“这是希特勒给德国文学界造成的第一个真正损失！”在他死后的岁月，不仅社会研究所努力传播本雅明的思想，阿伦特编辑出版了本雅明的英文选集，法国知识界也竭力在提高本雅明的声誉。

本雅明被誉为“欧洲最后一位文人”。汉娜·阿伦特在《启迪》中将本雅明比喻为“深海采珠人”，用一段奇妙的话来描述他：

> 他博学多闻，但不是学者；他所涉题目包括文本和诠释，但不是语文学家；他不甚倾心宗教却热衷于神学以及文本至上的神学诠释方式，但他不是神学家，对《圣经》也无偏好；他天生是作家，但他最大的雄心是写一部完全由引语组成的著作；他是第一个翻译普鲁斯特（与法朗兹·赫塞尔合作）和圣约翰·帕斯（St.-John Perse）的德国人，此前还译了波德莱尔的《巴黎景致》，但他绝不是翻译家；他写书评，写论述在世和过世作家的文章，但他也绝不是文学批评家；他写了一部论德国巴洛克戏剧的著作，留下一部未完成的 19 世纪法国的浩大研究，但他也不是历史学家，不是文学或别的什么史家。我将力求说明他诗意的思考，但他既不是诗人也不是哲学家。②

---

① ［英］莱斯利：《本雅明》，陈永国译，北京大学出版社，2013，第 249 页。

② ［德］阿伦特：《启迪：本雅明文选》，张旭东、王斑译，生活·读书·新知三联书店，2008，第 23-24 页。

这一连串的否定，其实也是一连串的肯定，这说明本雅明的著作涉猎范围极为广泛，它对文化的洞见也极为深刻，因而至今国内外关于本雅明的研究著述还在不断地涌现出来，并给他的思想戴上各式各样的头衔，比如“现代性批判”“寓言批判”“救赎美学”“媒介理论”等。苏珊·桑塔格在一篇名为《土星照命》的文章中指出，他具有忧郁的特质，并将其忧郁、孤独、迂回的性情投射到他所有的主要写作对象上。

本雅明作为欧洲文化史上的关键人物，学术兴趣广泛，思想、观点迷人，尤其是他见微知著的思维方式屡屡被人称道，在其著作中很少看到紧紧围绕着概念的论说，取而代之的是散论、格言、寓言、引言相互交织的意象拼贴，这与他喜欢关注琐碎细小的事物不无关联。他曾致信朔勒姆，表达自己对刻满整篇《以色列忏悔》的两颗麦粒的欣喜与钦慕，阿伦特也认为具象而非观念对本雅明的写作起着决定性影响①。

近些年来，本雅明思想的重要性不断地被挖掘出来，正如德国学者弗雷德里克·黑特曼所述：“最近几年，几乎没有一篇书评、没有一篇杂文不引用一句本雅明著作里的话来装饰自己，其作者都试图借此暗示自己处于时代的制高点，更确切地说，处于时髦的顶点。”②而他也确实写了不少格言式的警句，即便只是思想的碎片，却体现出他敏锐的洞察力与出色的表达力。例如：在《单向街》里，他讲“唯有不抱希望地爱他的那个人才懂他”③。“幸福就是能认识自己而不感到惶恐。”④本章我们将围绕本雅明在 1936 年创作的论说文《机械复制时代的艺术作品》来展开关于他誊写美学的独特思想。这篇文章应该是他最著名的作品，也是最经常被谈论的作品。其中关于艺术复制的相关论题，对于当代的艺术批评理论、媒介理论仍具有不可忽视的影响。

自 20 世纪 80 年代《机械复制时代的艺术作品》被译为中文出版以来，国内学界对这篇论说文的关注，主要集中在以“机械复制”为核心的美学思想上，侧重

---

① ［德］阿伦特：《启迪：本雅明文选》，张旭东、王斑译，生活·读书·新知三联书店，2008，第 31 页。

② ［德］弗雷德里克·黑特曼：《瓦尔特·本雅明——行囊沉重的旅客》，李士勋译，北京出版社，2016，第 1 页。

③ ［德］瓦尔特·本雅明：《单行道》，姜雪译，北京师范大学出版社，2019，第 76 页。

④ 同上书，第 63 页。

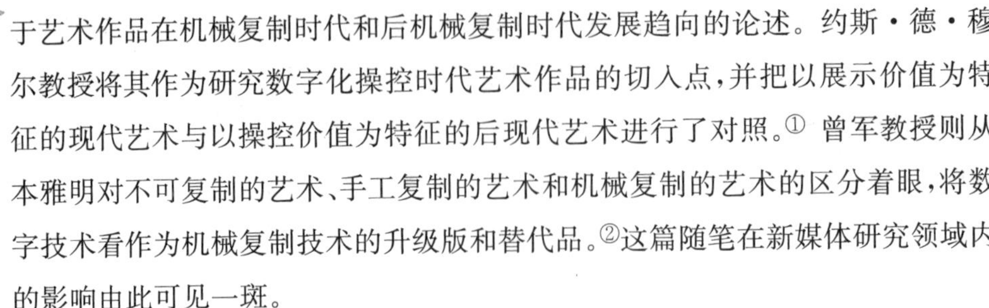

于艺术作品在机械复制时代和后机械复制时代发展趋向的论述。约斯·德·穆尔教授将其作为研究数字化操控时代艺术作品的切入点，并把以展示价值为特征的现代艺术与以操控价值为特征的后现代艺术进行了对照。① 曾军教授则从本雅明对不可复制的艺术、手工复制的艺术和机械复制的艺术的区分着眼，将数字技术看作为机械复制技术的升级版和替代品。②这篇随笔在新媒体研究领域内的影响由此可见一斑。

《机械复制时代的艺术作品》也可作为研究“手工复制时代”誊写美学的重要入口。本雅明在其开篇便着重指出，印刷，即文字的机械复制在文学中所引发的巨大变化，从世界历史的角度来看是一个极其重要的特例。接着在谈艺术作品的“原真性”时，他对“手工复制”与“机械复制”进行了区分，我们可以将这一区分延伸至文字领域，并且引出两个同“复制”密切相关的理论问题：一是文字的复制与艺术作品的复制有何不同？二是文字的手工复制与文字的机械复制的分歧何在？本雅明现有的研究文献对此论题虽有广泛涉及，但远未系统展开。

本雅明在《单行道》(1928)“中国古董”一节，曾专门就文字的手工复制——誊写——进行过深入的美学阐释，其中强调誊写之于“文学文化”的重要价值部分尤其耐人寻味。联系他在同年发表的书评《评安雅·门德尔松与格奥尔格·门德尔松〈笔迹中的人〉》当中的笔迹学思想，即将录入笔迹的每张碎片都看成大世界剧场的免费入场券，认为笔迹图像呈现的是人类本质与人类生活的哑剧，可以发现，誊写所保证的“文学文化”指向隐藏着书写者“无意识”的誊本笔迹。

英国学者霍华德·凯吉尔指明，“我们不应该把本雅明在多重领域里的作品看作矛盾的或者互相抵触的，而应该看作互相间的连续对话。”③众所周知，《机械复制时代的艺术作品》探讨了艺术作品在机械复制时代“灵韵”消逝的问题，它的姊妹篇《讲故事的人——尼古拉·列斯科夫作品随想录》(1936)，据本雅明所言，讲的也是“灵韵”的消逝，他将这种“衰亡的现象”(verfallserscheinung)，或曰一个

---

① 参见[荷]约斯·德·穆尔：《数字化操控时代的艺术作品》，吕和应译，《学术研究》2008 年第 10 期。约斯·德·穆尔系荷兰鹿特丹伊拉斯谟大学哲学教授，主要研究美学、艺术哲学、新媒介与信息交流技术哲学，著有《赛博空间的奥德赛》《后现代艺术与哲学的浪漫之欲》等多部作品。

② 参见曾军：《媒介形态变化与当代视觉文化的认知测绘》，《文化研究》2016 年第 2 期。

③ [英]霍华德·凯吉尔：《视读本雅明》，吴勇立、张亮译，安徽文艺出版社，2009，第 145 页。

"现代的现象",更多地看作世俗历史生产力的伴随现象,并从消逝之物中感受到一种新的美。誊写术与讲故事的艺术的共同之处在于对"作者"经验的保留(前者靠誊写者,后者靠讲故事的人),这一点也构成了誊写与印刷的主要区别。

一、誊写:"文学文化无与伦比的保证"

关于复制的方式,总体可分为"手工复制"与"机械复制"①。在本雅明看来,早在印刷术使文字变得可以机械复制之前,版画艺术(graphik,又名:书画刻印艺术)就已借助木刻术成为可机械复制的了②。如此一来,纯粹的手工复制,在绘画领域中便只有"临摹",在书写领域就剩下了"誊写",但是我们所说的"手工复制时代",还包括机械复制技术零星出现、缓慢发展的累积时期,主要是指 19 世纪之前对艺术作品的复制以手工技术为主导的时代,绘画在"手工复制时代",虽可借助木刻、镌刻和蚀刻,进行简单的机械复制,可是复制的数量有限,并且带有手工劳动者个人的印记。

在平版印刷(石印术)的推动下,书写与绘画的机械复制才取得了质的飞跃。本雅明指出,以 19 世纪初期平版印刷的发明为标志,机械复制技术进入一个重要阶段,版画才能以巨大的产量、日日翻新的造型投入市场,成为人们描摹日常生活的重要媒介。其实,早在 15 世纪中叶,随着古登堡印刷术的发明,文字的机械复制在欧洲就已经开启,并且在文学中引发了巨大的变化,被本雅明称为世界历史中的一个极其重要的特例。然而,文字的机械复制为何是一个特例?《机械复制时代的艺术作品》并没有给出明确的回答。对此我们可以从两个方面进行考察:其一,文字的复制较之艺术作品的复制有何不同?其二,文字的手工复制(die manuelle Reproduktion)与文字的机械复制(die technische Reproduktion)有

① "机械复制"(德语:die technische Reproduktion),也可译为"技术复制",但是在本雅明的这篇随笔中,"机械复制"与"手工复制"(die manuelle Reproduktion)作为一组概念出现、互为对照,前者强调使用机械工具,后者强调手的实践。如果将"die technische Reproduktion"翻译为"技术复制",则会导致歧义,因为"手工复制"同样也可看成一种手工技术,故笔者在本篇文章中采用"机械复制"这一译法,使其与"手工复制"区别开来。

② Walter Benjamin, "Das Kunstwerk im Zeitalter seiner technischen Reproduzierbarkeit," (Dritte Fassung) in: *Walter Benjamin Gesammelte Schriften I*, Herausgegeben von Rolf Tiedemann und Hermann Schweppenhäuser, Frankfurt am Main: Suhrkamp Verlag, 1991, S. 474.

何差异?

首先,要从本雅明对艺术作品的手工复制与机械复制的区分谈起。

完全的原真性是机械复制(当然不只是机械复制)所达不到的,当真迹面对通常被标为赝品的手工复制品时,便保有了它全部的权威性,而面对机械复制品时就不是这样了。原因有两个方面:其一,机械复制证实比手工复制更独立于原作。比如,在摄影术中,机械复制可以突出原作的那些肉眼无法看到的部分,因为镜头是可调节的并能选择任意的角度。此外,摄影术还能借助特定的程序,诸如放大或慢镜头捕捉到逃出自然视线之外的图像(bilder)。其二,机械复制可以将原作的仿像(abbild)带到原作自身无法到达的地方。①

艺术作品的手工复制较之它的机械复制更依赖于原作,同时也更能衬托出原作独一无二的地位。本雅明认为,"手工复制"不能保证艺术作品的"即时即地"(das hier und jetzt)——它在其所处地点的独一无二的"在场"(dasein),也不能像机械复制那样,有效地拉近人们与原作的距离,打破欣赏原作的时空局限。然而在笔者看来,手工复制过程中产生的触觉感悟,机械复制同样无法企及。绘画的临摹者有机会体验原作者的动作、姿态,甚至可以意外捕捉大师创作时的手势,他在模仿大师的手势中绘画,并通过触觉传达自己的内在体验。而绘画的拍摄者只需用手按下快门,他对大师作品的体悟依靠视觉传达,在整个复制过程中,发挥主导性作用的是"眼"而不是"手"。苏珊·桑塔格在《论摄影》中曾一针见血地指出,人们通过拍摄将经验本身变成了一种观看的方式。② 表面上通过"眼"快速直接地捕捉对象,比借助"手"缓慢地临摹要更准确和逼近艺术作品的"原真性",但经过局部放大和角度选择的复制品,经常呈现出一种碎片化的姿态,从而远离了艺术作品整体上的原真。尽管如此,不论艺术作品的手工复制还是它的机械复制,都以追求与原作形态上的一致为目标。

其次,文字的复制与艺术作品的复制则有不同。文字的机械复制,追求的是文字内容与原作一致基础上形式(排版、格式等)的灵活性,而艺术作品的机械复

---

① Walter Benjamin, "Das Kunstwerk im Zeitalter seiner technischen Reproduzierbarkeit," (Dritte Fassung) in: *Walter Benjamin Gesammelte Schriften I*, Herausgegeben von Rolf Tiedemann und Hermann Schweppenhäuser, Frankfurt am Main: Suhrkamp Verlag, 1991, S. 476.

② 参见[美]苏珊·桑塔格:《论摄影》,黄灿然译,上海译文出版社,2014,第31页。

制，以图像为例，则是将尽可能逼真地再现原作视为第一要务，绘画，从原作到美术印刷品，原作的质感等物质性因素全部消失，只剩其形。文字的手工复制，虽也是主要借助于"手"，但与艺术作品的手工复制的区别在于：誊写，追求的是内容与原作统一基础上书写风格的个性化保留，誊本与原作的笔迹不必相仿，而临摹则要极力追求与原作的神似与形似，努力模仿原作者的技法和风格；誊写，还让阅读与书写紧密地融合在一起，是一种独特地认知书写者内部新图景、发现文本之要旨的方式。纯粹的阅读，往往走马观花，阅读者容易用自己居高临下的态度来审视文本。也就是说，阅读中读者的主观性压制了文本的力量，因而任由自己的思绪驰骋。誊写的过程，尽管看上去死板、艰苦，但好处是放弃前见、放低身段，灵魂任由文本指引，最终写下带有自己精神特质的笔迹。这一思想出现在《单行道》(1928)中的"中国古董"一节，本雅明通过将誊写比作在乡间道路上行走，把阅读看成从飞机上俯瞰而过，从而引申出誊写之于文学的重大意义：

一个人行走在乡间道路上，与从乘坐飞机上俯瞰而过，对乡间道路力量的感受会迥然不同。如同阅读与誊写，人们所感受到的文本力量也截然不同。飞行的人仅仅看到，道路如何在景色中延伸，感到它的推进就像周围的景致那样遵循同样的轨迹。只有在路上行走的人，才能体验到道路的统治，如同来自某个人的领地，它对于飞行者则只是一马平川，道路借助它的每一次转弯，对远方、宫殿、林中空地、全景图的召唤，就好似指挥官对前方士兵发号施令。誊写下的文本也是如此独自指挥着抄写者的灵魂，而单纯的读者绝不会了解到他内在的新图景(ansicht)，以及它开辟出的穿过越来越稠密的内部原始森林的那条文本之路：因为读者任由他搏动着的自我沉浸在自由的梦幻空间里，而抄写者却任凭自我的这种搏动发号施令。因此，中国人的书籍誊抄工作成了文学文化(literarische kultur)无与伦比的保证，而誊本(abschrift)则成了解开中国之谜的钥匙。[①]

① Walter Benjamin, "Einbahnstraße," in: *Walter Benjamin Gesammelte Schriften IV*, Herausgegeben von Tillman Rexroth, Frankfurt am Main: Suhrkamp Verlag, 1991, S. 90, S. 103, S. 104.

本雅明在这段话的末尾指出，誊写是“文学文化”①无与伦比的保证，誊本则为解开中国之谜的钥匙。可我们知道本雅明并不懂中文，也不确知誊本中的文字是否关乎“文学”，即狭义层面的小说、戏剧、散文、诗歌等文学样式，这里所言“文学文化”，具体指向何处？或者说，誊写的美学价值寄寓于哪儿？

一方面，誊写活动本身，符合康德所言的审美活动的“无目的的合目的性”②，“誊写”给人的愉悦并不取决于誊抄的质量与数量，而是源自誊抄者依据特定的文本，结合其生命体验写下带有自我风格的笔迹的过程，因而它所合乎的目的是主观的，体现了一种顺应情感的情致。另一方面，誊写与书法关联甚密，书法可看作笔迹的艺术化，中国的书法家经常从自然界中摄取艺术灵感，擅长将一朵梅花、一只跳跃的斑豹，抑或松枝的纠棱盘结的气韵形态尽收笔底。本雅明曾在《法国国家图书馆中国画展》一文中指出，中国书法的动态特质，是由其笔墨当中所包含的多种潜在的相似所赋予的，故而把对于中国书法的美学阐释一步步引向关于“相似性”以及“模仿能力”的学说，玄之又玄。

此外，誊写下的笔迹——誊本，从其形式上看，是为一套全新的书写经验，每一位书写者都有其独一无二的笔迹，即便同一书写者在不同时期留下的笔迹也有差异，笔迹所传达出的既是誊写者内在的、独特的生命体验，也是其生活环境的一种投射。

本雅明对笔迹学的领悟，直接影响了他对誊写术的美学阐释。1928年，本雅明在《文学世界》上发表了一篇关于笔迹学的书评。他从安雅·门德尔松（Anja Mendelssohn）与格奥尔格·门德尔松（Georg Mendelssohn）的新作《笔迹中的人》（*Der Mensch in der Handschrift*，1928）当中提出的“立体笔迹图像理论”出发，认为：一方面，笔迹只是显现为平面的图像，其印痕表明一种立体的深度，对于书写者而言，在书写平面背后还存在着一个立体的空间。另一方面，在笔路中断处，笔尖返回书写平面前方的空间，为的是去描绘它“精神的曲线”。本雅明由此追

① “文学文化”（德语是“literarische kultur”）展开为“文学的文化”，而“文学的”（德语是“literarisch”，英文是“literary”），在德语语境中，除去指狭义层面的文学的诸多样式之外，还有一层较为宽泛的含义，即书面的。《单行道》的译者王才勇教授将它与“文化”合译为“文学文化”，笔者也沿用这一译法，但更倾向于从“书面文化”的角度去理解它。

② 参见[德]康德：《判断力批判》，邓晓芒译，人民出版社，2002，第62页。

问，笔迹的立体图像空间是否就是透视表象空间的一个微观宇宙的仿像？又，持心灵感应论的笔迹阐释者是否能从笔迹的立体图像中获得启示？他预测，“立体笔迹图像理论”至少是打开了这一前景，即有朝一日笔迹学研究可以为心灵感应过程研究提供助力。并据此将每一张带有笔迹的碎片，都看成大世界剧场的免费门票，认为其展示的是微缩了十万倍的全部“人类本质”(menschenwesen)与“人类生活”(menschenleben)的哑剧①。在这儿，笔迹与心灵的关系凸显出来。本雅明于1930年发表的题名为《新旧笔迹学》(*Alte and Neue Graphologie*)的广播稿则更明确地指出，安雅与格奥尔格将笔迹学研究引向了与内在意识紧密相连的图像阐释领域。无独有偶，他在1933年写作的《相似性学说》中坦言，“最新的笔迹学教会我们，去识别手写的图像(bilder)，或更准确地说画谜(vexierbilder)，它是书写者的无意识在笔迹中隐藏的东西”。② 于本雅明而言，笔迹学研究的真正意义，在于从人类内心的极隐秘处，观看人类本质与人类生活的哑剧。

现在，我们再回到本雅明关于中国誊本的那个段落：中国人的书籍誊抄工作是“文学文化”无与伦比的保证，誊本则为解开中国之谜的钥匙。这里“文学文化”，不是指某一种文学特定的表达方式，也不是泛指文本传递出的思想内容，而是指向书写的形式。在誊抄过程中文本的内容与形式都会发生变异，其中变化最为显著的自然是书写的形式，也就是笔迹，它让誊本成其为独立的作品，其中的一笔一画都是抄写者审美趣味、心理状态的微观缩影，当然也可视为一种书面文化的见证；文本之内容，印刷术同样能够保证，而唯独誊写，可以将阅读、理解、思考、抄写、认知融为一体。因此，它所保证的“文学文化”，既包括原作所处时代的书写特征，又融入了书写者的性格以及在书写过程中的生命体验。它体现于选纸、用墨、执笔、布局、色彩、笔画结构等诸多细节中。伊斯特·莱斯利对本雅明的笔迹学思想有过这样一番评述：“手写体呈现的不仅是分析作家性格的一种

---

① Walter Benjamin, “Anja und Georg Mendelssohn, Der Mensch in der Handschrift,” in: *Walter Benjamin Gesammelte Schriften III*, Herausgegeben von Hella Tiedemann-Bartels, Frankfurt am Main: Suhrkamp Verlag, 1991, S. 139, S. 138.

② Walter Benjamin, “Lehre von Ähnlichen,” in: *Walter Benjamin Gesammelte Schriften Ⅱ*, Herausgegeben von Rolf Tiedemann und Hermann Schweppenhäuser, Frankfurt am Main: Suhrkamp Verlag, 1991, S. 208.

方法，也是接近只被思考或许甚至未被思考之物的可能性。手稿的特征就体现在无意识的、未言表的因素，语言之前就存在的物，也许是外在于表达的东西。”①

“手工复制时代”的誊写术，虽是“文学文化”无与伦比的保证，却仍无力抵挡印刷文明的冲击，摆脱被边缘化的命运。誊抄本身耗时费力不说，在精确性与广泛传播方面也缺乏保证，15 世纪中期德国古登堡印刷术的发明，使文字、手稿的批量复制成为可能。伴随着 19 世纪平版印刷的广泛应用，手工复制时代不可或缺的书籍誊抄工作逐渐消弭，随之而来的是誊写的经验逐步被印刷的经验所取代，与其有着相似命运的还有“讲故事的艺术”。弗雷德里克·詹姆逊指出，本雅明在《讲故事的人——尼古拉·列斯科夫作品随想录》《波德莱尔的几个母题》《机械复制时代的艺术作品》三篇具有象征意义的文章中构筑了“关于经验之统一性的概念，以此来谴责现代心理和经验的破碎”②。他强调，我们对当今这个缺乏根基的时代的疑虑与批判，正是建立在这个关于经验的某种有机统一性的基础之上。在笔者看来，讲故事的艺术与誊写术构筑了这种统一性的经验，不论是口传的经验，还是誊写的经验，都具有生命的张力，它们日渐式微，意味着文学“灵韵”的凋谢，也意味着讲故事的人与誊写者的谢幕。

二、讲故事的艺术与誊写术

本雅明曾经坦言《讲故事的人——尼古拉·列斯科夫作品随想录》(1936)与《机械复制时代的艺术作品》的主题皆为“灵韵”(aura)的凋谢③。他在谈到艺术作品的“灵韵”时也指出，“灵韵”的凋谢是一个症候性事件，其意义超出了艺术的领域。“灵韵”被定义为“时空的编织物”，抑或“遥远之物的独一显现”。讲故事的艺术与誊写术，关涉到文学的两种形态：口传的与书写的。两者的共同之处在于对“作者”(誊写者与讲故事的人)经验的保留。如果说，艺术作品的“灵韵”与它的膜拜价值、独一无二性密切相关，文学的“灵韵”则指向主体的经验，因而

---

① [英]伊斯特·莱斯利:《本雅明》,陈永国译,北京大学出版社,2013,第 96 页。

② [美]弗雷德里克·詹姆逊:《对本雅明的几点看法》,《作为生产者的作者》,王炳钧等译,河南大学出版社,2014,第 243 页。

③ [英]伊斯特·莱斯利:《本雅明》,陈永国译,北京大学出版社,2013,第 187 页。

《讲故事的人——尼古拉·列斯科夫作品随想录》可视为本雅明誊写美学的另一重展开。

讲故事的艺术与手工劳动氛围之间的历史亲和性，在《讲故事的人——尼古拉·列斯科夫作品随想录》当中一览无余。本雅明指出，史诗、神话、传说这类口传的经验，依托于讲故事的艺术，在手工劳动中兴盛，或者也可称之为手艺，这门技艺的日薄西山，是因为人们一边听故事，一边纺线织布的情况愈渐稀少。在慢节奏的手工劳作中，人们通过听故事，逐渐深谙讲故事的艺术，手工劳动者生活的痕迹，也会不知不觉地浸入故事当中，故而讲故事的艺术，可视之为手工复制时代的技艺。而在机械复制时代，伴随着讲故事者所出身的工匠、艺人氛围的消逝，故事最终由长篇小说和新闻报道取而代之。

口口相传的故事与长篇小说、新闻报道相比最显著的特征是：经验的可交流性与启迪性。故事取材于讲故事者自己的或听来的经验，然后在讲述过程中将其转化为听故事者的经验。如此一来，它当中自然不乏源自生活的智慧闪光；小说则出自一个孤单的个体，小说家没有可借鉴的实例来道出自己最为切近的关怀，既没有人给他建议，他也不能给别人忠告，因而写小说意味着，将人类生活当中无法交流之事推到极致，并且通过表现生活的丰富性，来证明人类深刻的困惑①。在本雅明看来，普鲁斯特的小说是一个特例，他在小说当中试图通过“回忆”，在现代人面前重新树立起讲故事的人的形象。新闻报道则着眼于传达事情的精华，而非新闻事件与读者自身的相关性，它不会将世态人情融入其中，并且新闻的价值只存在于报道新闻的那一刻。本雅明在《论波德莱尔的几个母题》(1940)中提到，新闻的意图并不是使读者将它所提供的信息作为自身经验的一部分，而是将事件与能够对读者经验产生影响的区域隔离开来②。报纸之所以脱离经验，是因为它没有能够进入“传统”当中去，没有经历徐缓的累积与创造的过

---

① Walter Benjamin, “Der Erzähler. Betrachtungen zum Werk Nikolai Lesskows,” in: *Walter Benjamin Gesammelte Schriften* Ⅱ. Herausgegeben von Rolf Tiedemann und Hermann Schweppenhäuser, Frankfurt am Main: Suhrkamp Verlag, 1991, S. 443.

② Walter Benjamin, “Über einige Motive bei Baudelaire,” in: *Walter Benjamin Gesammelte Schriften I*, Herausgegeben von Rolf Tiedemann und Hermann Schweppenhäuser, Frankfurt am Main: Suhrkamp Verlag, 1991, S. 610.

程。故事则不同，本雅明指出，希罗多德在《历史》中讲述的埃及国王沙门尼特的故事，平实而干涩，未提供任何诠释，却能在数千年之后还能引人思索，保持并凝聚其力量，虽年深日久，仍能发挥出来。这便与本雅明对"灵韵"①的描绘呈现出某种内在的一致性。

《论波德莱尔的几个母题》谈到灵韵时指出，"若人们将偶然定居在非意愿记忆中的想象（vorstellung），称之为环绕着直观对象的灵韵，那么与一个直观对象的灵韵相应的经验，便沉淀在了作为实践（Übung）的使用对象上"②。在他看来，灵韵的经验构筑于人类社会频繁出现的一种反应机制，感觉到被注视的人会不自觉地将目光投向注视的一方，不仅人与人之间会有这样的情况，人与自然物也会发生这样的注视。在《机械复制时代的艺术作品》中，本雅明将自然对象的灵韵描述为："遥远之物的独一显现，但它可能如此地贴近。在一个夏日的午后，一边休憩一边注视，地平线上的山脉或一根在休憩者身上投下阴影的树枝，那就是这条山脉或这根树枝的灵韵在散发。"③同样是这段话，在早年发表的《摄影小史》（1931）中，前面还加上了一句，大意是：灵韵是一种时空的编织物，可见灵韵与距离相关，空间的距离抑或时间的，自然景物在人遥远的注视中，才有其灵韵的散发，感受某一个现象的灵韵，意味着赋予它回望的能力。本雅明还指出，在文学创作当中，诗人可以赋予一只动物、一个无生命物这样的能力，让它抬起眼来在与读者的对视中拉开距离。同样，话语也可以拥有它的灵韵，人们看它时的距离越近，它回望时的距离就越远，回望的魔力也就越强。对此，伊格尔顿一针见血地说，"灵韵开启距离只是为了更有效地赢得亲近。"④在笔者看来，当人们将

---

① "灵韵"的含义在德语维基百科主要呈现为以下几种：微风、和风；古希腊的清晨微风女神；用于形容某人的独特魅力；氛围，某种环境美学魅力；精神或身体的一种感觉，在癫痫、偏头疼之前发生；本雅明所创造的艺术理论概念。

② Walter Benjamin, "Über einige Motive bei Baudelaire," in: *Walter Benjamin Gesammelte Schriften I*, Herausgegeben von Rolf Tiedemann und Hermann Schweppenhäuser, Frankfurt am Main: Suhrkamp Verlag, 1991, S. 644.

③ Walter Benjamin, "Das Kunstwerk im Zeitalter seiner technischen Reproduzierbarkeit," (Dritte Fassung) in: *Walter Benjamin Gesammelte Schriften I*, Herausgegeben von Rolf Tiedemann und Hermann Schweppenhäuser, Frankfurt am Main: Suhrkamp Verlag, 1991, S. 479.

④ [英]特里·伊格尔顿：《瓦尔特·本雅明或走向革命批评》，郭国良、陆汉臻译，商务印书馆，2015，第50页。

情绪、感觉注入直观对象当中时，对象就被赋予了生命力，从而拥有了与人同等的地位、同等对视的权力。

艺术作品的灵韵，指向它的膜拜价值、独一无二性，口传文学的灵韵则指向经验内容，它来自讲故事的人。他不断将自身的经验（自己的经历或道听途说的经验）转化为听故事者的经验，故事因此带有讲述者自身的记号。当口传的文学通过书写被固定下来时，它依旧保有来自经验内容的“灵韵”，比如，西方古老的史诗作品，穿越时光隧道，仍具有直抵人心的力量，因为讲故事的人将经验注入其中，这经验沉淀了几代人的智慧，故日久而弥新，仿佛专为时人而作。“经验”（erfahrung），在德语中指体验或观察某一事物或事件后所获得的心得、知识、技巧，并可用于后续作业。本雅明在他所处的时代叹息道：“经验贬值了。而且看来它还将朝着一个无底洞贬下去。无论何时，你只要扫一眼报纸，就会发现它又创了新低，你会发现，不仅外部世界的图景，而且道德世界的图景也是一样，都在一夜之间遭受了我们从来以为不可能的变化。”[①]这里所言的“经验”特指“口口相传的经验”，在本雅明看来，经验的贬值不但影响我们看待外部世界的方式，还改变了我们内在的道德观念，讲故事的艺术行将就木，其实质则为真理的史诗面向智慧的消亡。可是他并不将其仅仅视为一个“衰亡的现象”（verfallserscheinung），或者是一个“现代的现象”，而更多地看成世俗历史生产力的伴随现象，认为生产力逐渐把讲述从活的口语中剥离出来，并同时让人在消逝之物中感受到一种新的美。

誊写术亦属机械复制时代的消逝之物，本雅明在誊写术已然淡出人们的视线之际，偶遇来自中国的誊本，或许正是这种时空的交错感、面对异域文化的新奇感，才激发出他阐释誊写美学的灵感来。一来，誊写者较之纯粹的阅读者，可以更深刻地感受到文本的力量，甚至整个灵魂都会受到文本的指引，从而发现内在自我的新图景；二来，当他听凭自我的搏动发号施令，抄写下融入独特感受的笔迹之时，曲折而隐秘的文本之路也正式向他敞开。誊写者通常不会像讲故事的人那样，事先陈述一段如何得知故事的原委，或者在经验内容上增奇附丽、网

---

① Walter Benjamin, “Der Erzähler. Betrachtungen zum Werk Nikolai Lesskows,” in: *Walter Benjamin Gesammelte Schriften* Ⅱ. Herausgegeben von Rolf Tiedemann und Hermann Schweppenhäuser, Frankfurt am Main: Suhrkamp Verlag, 1991, S. 439.

罗编织，但他在誊写时的心路历程是不可复制的，呈现内在自我的誊本笔迹亦是独一无二的，并且焕发出生命的张力。本雅明将笔迹视为一种立体图像，这与他对语言的独特理解密不可分。他认为，语言（sprache）拥有一副身躯（leib），身躯也拥有一种语言，笔迹学将两者融为一体，笔迹的语言有血有肉，笔迹之身躯则在言说着①。雅克·朗西埃在《词语的肉身：书写的政治》中也表达了类似的观点："被书写的文字就像一幅无声的画，它在自身躯体上所保持的那些运动，激发了逻各斯的活力，并把它带向了它的目的地。"②可见书写的深刻意涵须得从笔迹当中去探寻，而不能只局限于字面的含义。

誊写者表面上只是将文字、文本进行复制，实则通过写下的笔迹将一种内在体验表达出来：他是沉默的言说者、潜意识的描绘者。誊写者与讲故事的人都兼具"复制者"与"作者"的身份，复制过程中主体经验的融入，使得誊写与讲故事的艺术成了文学灵韵的重要保证，誊写所构筑的文学灵韵依托于誊本笔迹，古旧的誊本、衰退的字迹，却能具有一种魔力，让读者得以回望书写的历史；讲故事的艺术营造出的文学灵韵源自口传的经验，古老的传说、层叠的叙事却宛若发生在近前，意涵隽永、发人深省。概言之，誊写与讲故事的共同点在于对"作者"经验的保留，"作者"在这里不能按现代文学的"作者"观来理解，而是指将经验汇入作品的主体。印刷产业在提供丰富信息，并为我们的阅读带来极大便利的同时，几乎终结了这种富有流动性的主体经验，但我们仍能感受到印刷术对于誊写之美的回望与致敬。

三、印刷术与誊写术

印刷与誊写，一则为文字的机械复制技术，一则为文字的手工复制技术，较之绘画、雕塑等艺术作品的复制，文字的复制更加注重文本的内容与原作保持一致，而非在书写形式上与原作的统一。因为读者最为关注的还是文本传递出的

---

① Walter Benjamin, "Anja und Georg Mendelssohn, Der Mensch in der Handschrift," in: *Walter Benjamin Gesammelte Schriften Ⅲ*, Herausgegeben von Hella Tiedemann-Bartels, Frankfurt am Main: Suhrkamp Verlag, 1991, S. 138.

② ［法］雅克·朗西埃：《词语的肉身·书写的政治》，朱康、朱羽、黄锐杰译，西北大学出版社，2015，第7页。

信息，也就是说，文字的复制在形式上更加自由和灵活。然而印刷术与誊写术之间的分歧远远大于它们的一致，分歧主要来自对文学的影响、是否产生灵韵，以及观者的体验三个方面。

首先，印刷在文学中引发的影响远远大于誊写，文字的手工复制——誊写，虽然让口传的经验以书面的形式固定下来，但并未因此撼动讲故事的艺术在文学传播与创作中的地位，故誊写术与讲故事的艺术，誊写的经验与口传的经验，是互为补充的关系，一方没有压制另一方。而印刷术，则撼动了口传的经验在文学中的主导地位，并从根本上改变了文学的叙述方式与接受方式。本雅明在《讲故事的人》中指出，印刷术的发明使小说与新闻报道的广泛传播成为可能。随着小说与新闻报道的广泛传播，人们的注意力逐渐从"听"转移到了"看"，由一边听故事一边做手中的活计，转变为在闲暇时间阅读小说或者浏览新闻；文学的叙述方式从口传转向了书写，它接受的方式则由围坐聆听演变成了独自阅读。

其次，誊写的过程也是阅读的过程，誊写者心之所感，将笔迹及其印痕留在纸上。誊本背后蕴含着生命的力度与深度，透过它，人们可以感受到书写者灵魂的搏动，以及由历史深处散发出的灵韵；而印刷文学作品的过程，纯粹是复制文本的过程，印刷的文本是平面的，作者力透纸背的书写痕迹无从保留。诚然，随着印刷技术的发展，书写体与印刷体能够印在同一页纸上，印刷本也可以拥有手抄本的某些特征。如，2016 年出版的小说 *S.*，标榜为最不可能被电子化的书，泛黄的纸张、咖啡渍、霉斑、手写体批注、23 件附件，让这本书看上去布满了时间的印痕。该书的策划人、《星际迷航》的导演 J. J. 艾布拉姆斯(J. J. Abrams)努力为读者营造出一种仿佛在游戏、探险的阅读体验。其中围绕小说《忒休斯之船》所做的各色批注最为引人注目。策划人试图通过呈现不同借阅者的手迹，来将读者带入小说借阅人之间的交流。然而，高超的印刷技术终究不能像誊写那样，获得书写者力透纸背的生命体验，让每一次复制成为一种全新的书写经验。或者我们可以说，文学在它的机械复制时代，只剩下刻意渲染出的虚假的灵韵光圈，而丧失了来自遥远过去的本真气息。

最后，印刷术较之誊写术，带给人更为丰富的观看体验，以至于人们无法沉下心进入文本内部。本雅明在《单向街》"宣誓过的书籍审计员"一节，曾就文字在印刷技术发展过程中的变化及其对读者认知的深刻影响，有过一番奇异的描述：

> 文字曾在印出的书中找到了一个收容所，它在那里能持有自律，而如今却被广告无情地拖到大街上，并且屈从于混乱经济中野蛮的他律。这是对其新形式的一种严格的培训。如若说文字为了最终在印刷的书籍中安睡，几百年前开始进入了逐渐躺下的过程，即从竖式的刻印文字到斜面书桌上的静止的手写体，那么，它现在又开始慢慢从静躺中站起……一个现代人在打开一本书之前，眼前便已落下稠密的暴风雪般的变化着的、色彩缤纷、喧闹的字母，以至于他进入书中远古宁静的希望变得渺茫。①

这段话显露出本雅明批判的姿态，图像化的印刷文字（广告招贴、标语等）全面地侵入城市空间，在灯火霓虹中站立，带来强烈的视觉刺激，使人逐渐远离书中远古的宁静。这番描绘也可作为数字复制时代的一则预言，眼花缭乱的标题、新奇的文字样态、层出不穷的文本推送，让现代人的注意力不但无法在同一时间集中，也不会在同一阅读媒介上停留，目光频繁游移于电脑、电子书、纸质书、手机之间已是常态。陈定家在《网络思维：超越"深刻"的"浅薄"》中，将书籍诞生之后，人类思维所经历的由浅薄到深刻的革命概括为"杂乱的有序化"和"碎片的完整化"两种特征，它代表着传统的工业思维②。当进入数字复制时代，网络思维大行其道，我们的认知又趋向于碎片化、杂乱化，文字越来越屈从于经济生活的他律，与其说"喧闹的字母"妨碍人们进入书中远古宁静的世界，不如说，经济的锁链紧紧拴住了文化的咽喉，深入阅读带给人的精神慰藉，日益被物欲的满足所取代。

然而，本雅明却从斯蒂芬·马拉美晚年的诗作《掷骰子》里体察到未来文学

---

① Walter Benjamin, "Einbahnstraße," in: *Walter Benjamin Gesammelte Schriften* Ⅳ, Herausgegeben von Tillman Rexroth, Frankfurt am Main: Suhrkamp Verlag, 1991, S. 103.

② 参见陈定家：《网络思维：超越"深刻"的"浅薄"》，《中国图书评论》2016年第9期。

的真实样貌。这首诗的文字排列奇特，有时呈阶梯状，有时一行只有一个字，有时一页只有一个字。在他看来，这一文字尝试，完全从马拉美风格的内部诞生出来，诗人将“广告的图像张力”充分借鉴到“文字图像”(schriftbild)当中，而此后达达主义者的文字实验，则是从文人精准的反应神经出发，故远远不如马拉美的尝试意义深远。他还借此大胆预见了未来文字的发展趋向：

> 日益深入新奇图像性之图像领域中去的文字一下子发现与自己相适应的内容。诗人们，当他们开辟出不事张扬地产生文字结构的领域，即统计的与技术的图示结构，便会参与到图像文字(bilderschrift)中去，如同史前时代最早的文字专家。随着一种国际变形文字(wandelschrift)的创立，诗人们将要重新树立起他们在民众生活中的权威，并且找到一个角色，与其相比所有在修辞学上进行改革的抱负，都将证明是古老的法兰克人的白日梦。①

可见，本雅明对文字发展的预见，并没有止于印刷术对书籍传统形式的冲击。他不无敏锐地发现，随着印刷等相关技术的发展，文字与图像将合为一体，文字的图像化抑或图像的文字化，可以让诗人的地位重新确立起来，而文学的变革不再是修辞学上的，而是文字形态上的，仿佛是向文字诞生之初的一种回归。这一来自20世纪上半叶的设想，在我们当今的文学创作中已被悄然印证，如2011年出版的《设计诗》，作者朱赢椿本身就是一名装帧设计师。他将诗歌用设计的手法制作呈现，书页之上富有诗意图画，由经过放大、拆分、旋转、重复的文字构成，充分展现了作者对文字含义的感受。作者还将《设计诗》的手稿片段印在了“序”的部分，凌乱的图像中竟然有一张从北京到上海的动车车票，票面上的手写体或许只有作者本人才能完全读懂，但它在视觉上给人一种冲击，引人遐思，较之经某种软件设计出来的书页，更能表征文学的另一种可能。看来，印刷术的发展与革新，时刻流露出对手工复制时代誊术的回望和致敬，印刷体越富有

① Walter Benjamin, “Einbahnstraße,” in: *Walter Benjamin Gesammelte Schriften IV*, Herausgegeben von Tillman Rexroth, Frankfurt am Main: Suhrkamp Verlag, 1991, S. 104.

个性，就越接近手写体。从这个意义上说，誊写从未被边缘化，而是像幽灵一般紧随印刷的发展脚步，并使它不断地逼近自己的特质。

本雅明对书写形式的强调，让人联想到他的藏书理念。他酷爱收集书籍珍奇的版本，甚至将儿童类的插画书、精神病人写的书也纳入自己的收藏，他在1931年的随笔《打开我的藏书：一个关于收藏的谈话》中，将藏书者与书之间的关系刻画为，不以使用价值为前提，书作为舞台、命运的剧场被研究和欣赏。他所看重的是关于书的那些细节：装帧、出版日期、出版地、先前的所有者，以及它们所勾连起的回忆、纪念与感想。相形之下，是否去阅读书中的内容，对于收藏者已不复重要。简言之，在本雅明那里，每本书都有它自己的命运，其中包含着它与藏书者的邂逅与分离。因此，收藏的意义在于让事物获得新生，乃至复活一个旧的世界。① 誊本中的印迹和印刷本中的印迹，这些细微之物都因与观者的精神世界发生勾连而意义深远。20世纪另一位嗜书如命的作家海莲·汉芙也有类似的体会，她在“爱书人的圣经”《查令十字街84号》中致信古董书商弗兰克，认为他赠书时另外写张卡片，而不直接题签在书的扉页上，显得有些过分拘谨了，给出的理由是，在书页上写上字，不仅不会折损它的价值，反而增添无可估算的价值。她尤其喜欢那种与心有灵犀的前人冥冥共读、时而戚戚于胸、时而被耳提面命的感觉。

印刷在数字复制时代，虽能带给人更为丰富的观看体验，它也借鉴了誊写的优长，力图呈现“个性化”的文本，可是有一点是印刷无论如何都不可及的，那就是誊写过程中所构筑的经验，它包括书写者的精神状态、周围的环境、纸张的质地、用笔与墨水，不一而足，呈现书写者内在灵魂的立体笔迹图像无从复制，自不必说在誊写过程中所产生的心灵涤荡，也正因为此誊写的过程较之阅读传统书籍的过程，更能帮助人们抵达书中远古的宁静。许多人只是目睹了机械技术对艺术、文学的推动，而本雅明则从手工复制的边缘化，从书写文学对口传文学的替代现象，体察到了“灵韵”的消逝，他被一连串的“进步”惊得目瞪口呆，不得不

① Walter Benjamin, “Ich packe meine Bibliothek aus. Eine Rede über das Sammeln,” in: *Walter Benjamin Gesammelte Schriften Ⅳ*, Herausgegeben von Rolf Tiedemann und Hermann Schweppenhäuser, Frankfurt am Main: Suhrkamp Verlag, 1991, S. 389-390.

背对“未来”、面朝“过去”。因此，本雅明在《单向街》中对于誊写的阐释不是一个孤立的片段，而是深深扎根在他对手工复制时代的思考当中，本雅明的誊写美学可看成其机械复制美学思想的重要补充。

概言之，文字的复制较之艺术作品的复制，其最显著的特征是灵活而富有个性的书写形式，文字的手工复制——誊写，较之文字的机械复制具有不可替代的美学价值。首先，誊写者比单纯的阅读者能够更深地领会文本，同时可以通过誊写来体察自己潜在的意识。本雅明的笔迹学思想揭示了誊写所保证的“文学文化”是一种与书写相关的文化，誊写在传承、沟通与创造书写经验方面具有不可替代性。誊本所解开的中国之谜指向笔迹图像，作为呈现人类本质与生活的微缩图像，笔迹的价值不容小觑，将其看成人类潜意识的图腾亦不为过。其次，誊写术与讲故事的艺术在文学灵韵的保障方面有着异曲同工之妙，前者侧重于书写下的笔迹图像，后者则侧重于口传的经验内容。这两种“手工复制时代”的技艺看似平常，实则留给我们大量尚未充分认知的精神遗产。它们将“过去”与“当下”的经验融汇为永不消散的智慧，将生命与时代的印记都汇入作品当中，用生活构筑了“工匠精神”最丰满的肌理。最后，印刷术的发明为我们带来了异常丰富的阅读体验，亦将我们进入书中远古宁静的希望变得微茫，找回誊写过程中的阅读体验，并通过誊本笔迹了解内在的隐秘感受，似乎已成天方夜谭。但是，在数字复制技术的飞速发展过程中，也充满了对“手工复制时代”誊写美学的回望与借鉴，它将手写的图像变成了数字图像，正如我们所体验到的，用约斯·德·穆尔教授在《数字化操控时代的艺术作品》中的话来讲，“是一系列原作的、光韵的副本”。最新的 kindle 电子书的广告词为“还原纸质书的阅读体验”，或者在不远的未来会改为：“还原手抄本的阅读体验”，然而它终究还是平面的。①

① 原文首次发表在《文学评论》2017 年第 4 期，第 26–34 页。

第七章　禅悟与空灵之美

禅悟的方法一般分为渐悟与顿悟，其目的都是悟得佛性，获得心灵解脱，成就涅槃正果，在空灵的境界中使个体人生艺术化、审美化。禅悟过程中自然而然的态度、自性自度的途径、明心见性的妙悟，既是重要的法门，也是构成中国美学的独特内容。

顿悟是禅宗领悟真理的独特方式，也是抵达审美境界的基本条件。在禅宗六祖慧能那里，顿悟一方面是明心见性的修行法门，另一方面是明心见性本身。《坛经》记载：慧能某日出门到集市上卖柴，偶听一位客人诵读佛教经典《金刚经》，一闻便悟。慧能得传法衣前所作偈颂："菩提本无树，明镜亦非台。本来无一物，何处惹尘埃。"较之五祖弘忍的上首弟子神秀所作"身是菩提树，心如明镜台。时时勤拂拭，勿使惹尘埃"的偈颂，显示出自性清净的精神旨趣。慧能得传衣钵后，又进一步提出"迷时师度，悟了自度"，表达了追求自度的修行主张。在慧能那里，只要观得本心，就能去除心中的痴疑惑障，顿悟成佛。若艺术家能放下对外在纷繁境相的执念，忘却是非、荣辱与名利，步入广大虚寂、清净澄明的精神境界，"就能超越卑琐的生存状态，使生命的智慧在审美活动中放光，照亮有价值有意义的现实人生"①。因此，在美学中我们可将顿悟理解为一种超然物外的态度与淡泊自足的心境，既能助艺术家更好地发挥艺术天赋，也可提升人们的审美格调与志趣。

禅宗作为中国化的佛教，在促使三教合流的同时，潜在地蕴含了"境界/意境"这一审美范畴。佛性境界，等同于虚空，世界虚空却能包含万物。世人的自

① 高建平：《中华美学精神》，中国社会科学出版社，2018，第 220 页。

性真空亦是如此，包含一切万法，所谓自我本性为真空妙有，来去自由、无所滞碍。宗白华先生在《中国艺术意境之诞生》一文中研寻了意境的生产结构，将意境视为“情”与“景”的结晶，认为艺术家表现的意境，是主观生命情调与客观自然景象的交融、互渗。① 禅宗通过喻象的方式向中国山水画、写意画注入了精神的力量，使之心灵化和境界化；向中国诗歌导入了更为虚灵空幻的意境，使之内省化与玄理化。

一、空灵为美的境界

以“空”为美的审美意境，来自禅宗对“空”的独特理解。在佛学中，“空”是指现象世界中“因”和“缘”相聚而成的事物没有实在的本体。简言之，现象世界本身就是“空”。而问题在于，即便世界是空的，但是因缘却有过去、现在和将来这三种状态，那么，这个空仍旧是有具体内容的。基于这一点，禅宗进一步将“空”理解为无时间性的空，超越心灵感受到的时间：世俗的时间之流只是虚幻人心的幻象，过去、现在、将来，无暂住，无故实。如《金刚经》所言，“过去心不可得，现在心不可得，未来心不可得”。

我们所说的空灵是指由禅宗的空观衍生出来的美学意境。要领悟到这种意境，首先是要同时“空掉”审美主体内心的“妄念”以及外在的“万相”。“妄念”为空才能抛弃执着之心，“万相”为空才能“见山是山，见水是水”。空灵是中国人特有的、诗化的感悟与情调，表现在意境里，便是一种空灵之美。空灵超越功利考虑，以无物无欲的自由精神静观万物，使万物都各得其所，各自呈现着它们的充实的、内在的、自由的生命。进而言之，“空”是指灵气、生气的自由往来。“空”与“灵”结合在一起，便是指在纯净、虚静、空荡的气氛中时时透露出生命灵气的那种艺术境界。

美学上的空灵，若从心灵上去体会，则是虚空的心灵。古代艺术家在艺术追求参悟中，达到比较高的境界时，会顿觉内心世界有一种云散水流、天地皆空的感觉。此时，其心量大如虚空，照破十方，涵盖宇宙，日月星辰、山川大地、世间万

① 参见宗白华：《美学散步》(彩图本)，上海人民出版社，2015，第 77 页。

物尽在其中。禅宗有云:“妙高峰顶,不容商量。”正是此境。

空灵的审美观点是中国古典美学的基本特征之一,受到禅宗的巨大影响。色空观念是印度大乘佛学的一个重要思想,佛教经典《心经》和《大智度议》等都有“色不异空,空不异色”的表述。佛家认为人的本性洁净,由于后天遭六尘污垢的覆盖、淤积、经久迷性,使人的本觉智慧不能显现,空灵之美的灵感就不灵了。因此,需要以般若之智来观照,照破五蕴,照破十八界,我们才会心量扩大如虚空,才会达到涵盖宇宙的境地。以这样的心量去参与审美活动,即使是那些寻常的事物也会显现出美的实相来。因为那是一种透彻玲珑的审美之心。只有这样的“空”才是佛家追求的空,才能透出灵性来。这种“空”渗透在艺术领域里,会显示出一种难以言表的灵性。所以,佛教哲学认为空与灵互为体用,空为灵之体,灵为空之用。

北宗、南宗,均属禅宗;渐悟顿悟,不外方法。两者都是为了悟得本心清净的佛性,成就涅槃妙心的正果,尤其在思想基础方面,主要源自“大乘空宗”,体现为“般若性空”。“般若”即“智慧”,“性空”指“幻象”。凭借般若智慧,人们认识到世间一切事物(即“法”)都因缘而生,因缘而灭,徒有外表幻象,本性是空。在禅悟中,悟得“性空”或“空无”之境,就等于觉解到了佛性或真如之理。所以说,对中国禅僧和禅学诗人来讲,悟空是至关重要的。中国禅宗的几位祖师,主要是在这个“空”字上做文章;他们所悟得的,也主要是一种空灵之境。

禅宗所标举的三个境界,正是对种空灵之境的诗化描绘和典型提炼。第一境是“落叶满空山,何处寻行迹”,描写的是一种渐入禅关,而寻禅未得的情境。第二境为“空山无人处,水流花自开”,这里虽然寂静,也无人迹,但水在流泻,花在开放,局部的运动和生命的张力依旧在,不仅未达到寂灭的境界,而且对终极禅定产生某种干扰。第三境是“万古长空,一朝风月”,意指瞬刻中得永恒,在空间是万物一体,此乃禅的最高境界。这种对时空的顿然且神秘的领悟,既可以说是一种顿悟,也可以理解为一种妙悟。它伴随着一种直觉的感受和空灵的体验。在这一瞬之间,寻禅者得到真正的解脱,精神得到彻底的自由,宇宙河汉,日月星辰,山川大地,水光云影,都不分彼此地融为一体,都显得那样永恒宁静,和谐自然,这便使人突然感到这一瞬间“似乎超越了一切时空、因果、过去、未来、现在似乎融在一起，不可分辨，也不去分辨，不再知道自己身心在何处和何所由来。这当然也就超越了一切物我人己界限，与对象世界完全合为一体，凝成永恒的存在”①。这一豁然开悟者所抵达的境界，也称之为禅宗的最高境界或空灵之境，是中国古典审美体验的重要组成部分。

二、禅悟与自然而然

禅宗在中国人心目中的地位和作用，与其说是一种宗教，毋宁说是一门人生智慧之学。这种智慧以解脱为导向，通过“戒定慧”的方法，引领人们觉解现实与理想之间永难消除的鸿沟，超然面对因此而生的焦虑与烦恼，设法从无边的苦海中领悟到心理的平和与安宁的意趣，进而达到清心、释然乃至以空灵为特征的开心或禅悦境界。

禅宗所追求的空灵之境，往往离不开自然山河的喻像。禅宗认为世界万物没有自性，所以为“空”，世界万物的真实性皆来自“心”的观照。只有进行观照，采取色即空的相对主义方法，将人的心灵与外部世界融为一体，才能形成一种新的表象，即“境”。此“境”不是纯客观的物象，而是经由心灵熔铸而成的喻象。这种心象是人在生活中由心灵观照而产生的，是人生体验的产物——禅宗这种直觉观照、喻象方式重塑了空灵之境的审美经验。下面这段话充分说明了禅悟与自然这一喻象之间的关系：“三十年前未学禅，见山是山，见水是水；学禅之后，见山不是山，见水不是水；而今悟得禅，见山仍是山，见水仍是水。”②可见，悟禅者对自然山水的关照，是随着禅悟功力的渐进而变化的，其中包含着一种微妙的隐喻作用。禅悟者如同观众，山水如同艺术品，观众对“艺术品”所持的态度经历了肯定、否定和再肯定的变化过程。首先，“见山是山，见水是水”，代表一种淳朴直观的视界，独立的自我意识还没有区分出内心与外在，所以山水只能“如其所是”地存在着。其次，“见山不是山，见水不是水”，则意味着禅悟的“知性”阶段，认知主体已然意识到自我与外在现实之间的分立，并且运用主体的知识结构来建构对方，因而山水成为心灵表象的产物并由此否定了其原有的自在属性。最后，“见

---

① 李泽厚：《走我自己的路》，生活·读书·新知三联书店，1986，第392-393页。

② 释普济：《五灯会元》卷十七，《青原惟信禅师》。

山仍是山，见水仍是水"，则体现了禅悟的"自然而然"之境界，观者与被观之物实现了统一，参禅者的内心与真理直接重合在一起。此时之"山"绝非"自在的"，否则将会取消参禅者本身；也绝非参禅者建构出来的"山"，因为这种主观建构以"心"与"物"的分离为前提，这一前提则意味着参禅的失败。"见山仍是山"表明了黑格尔式的辩证法，即心与物实现了统一，但是这种统一是经历了彼此同一与分离过程的统一。在参禅时处处不离象，而又最终离于相，似着境又离境，这与艺术审美具有同构性。山仍是山，以为这山就是我，我不再否认其外在性，并由此承认了其融合了"心"的自然性。

禅悟的"山水之观"，在回归本然的意义上，与"百尺竿头，更进一步"的禅机有相似之处。"所谓百尺竿头"，已经到了"头"，本来是无法"更进一步"的。但彻底的禅悟，不能就此打住，而要"更进一步"，"更上一层楼"。其结果是必然从"竿头"掉落，回归到大地之上，或者说回归到原来的日常生活与个人境遇之中。尽管回归到原来，但却有不同的意义，甚至天壤之别。因为回归后的你，意识不同了，人生观改变了，精神境界提高了，所观之物与所理之事，或许与从前大致一样，但你却以平常心处之，于是超然物表，来而不迎，去而不却，洞透人生，乱中取静，享受到陶渊明式的"诗意的栖居"："结庐在人境，而无车马喧。问君何能尔？心远地自偏。采菊东篱下，悠然见南山。山气日夕佳，飞鸟相与还。此中有真意，欲辩已忘言。"[①]这诗化的描述，蕴含着诗化的精神解脱之意。"心远地自偏"，是乱中取静、消解人间嘈杂喧闹的不二法门，与"心静自然凉"是一样道理。"悠然见南山"，是恬淡自然、欣赏山川草木之美的关键所在，与"万物静观皆自得"相近无几。从周围的菊花、山景、云气、夕阳与飞鸟中，你不仅可以感受到自然的灵动、天人合一的境界，而且可以体验到无言的禅悦、心灵的自由。

三、诗化的禅修之道

中国禅宗的缘起，极具诗化的审美特征。据载："世尊在灵山会上，拈花示众。是时众皆默然，唯迦叶尊者破颜微笑。世尊曰'吾有正法眼藏，涅槃妙心，

---

① 陶渊明：《饮酒二十首》(其五)。

实相无相，微妙法门，不立文字，教外别传，付嘱摩诃迦叶。'"[①]这实际上是巧借佛祖之口，一方面表明禅宗对佛经典籍的"消解"态度，另一方面将禅宗与"教中"其他诸家区别开来，确立自成一体的"合法性"。尔后，"不立文字，教外别传，直指人心，见性成佛"，便成为禅宗的口头禅或至高教义。

这个故事中最富有诗意的描述，乃是佛祖"拈花"与迦叶"微笑"。在提倡"心传"与"顿悟"的南禅那里，佛祖与首座弟子迦叶之间，通过"心心相印"的意会妙悟方式，在"拈花"与"微笑"的刹那之间，把自己的佛性连同"涅槃妙心"一起传给了迦叶，两者合二为一，于是佛即迦叶，迦叶即佛。从这个故事中，我们可以看到禅宗所推崇的修行之道。这种方法是诗化的，富有诗意的。实际上，从始祖达摩到六祖慧能，几乎无一例外地用五言诗或偈语来测试弟子禅悟的水准，继而决定所传衣钵的人选。尤其是在五祖弘忍时期，为选择衣钵传人，命其弟子各作一偈，表明其禅悟的心法，最终导致南北分宗，形成两种主要的禅修之道：一为北宗的渐悟式，二为南宗的顿悟式。

渐悟之道无疑是一种注重过程与强调条件的禅修之道。神秀以寥寥 20 字诗偈，形象地表达和浓缩了佛教"戒定慧"的渐进过程，通俗地揭示和解释了禅修的基本方法和目的。在"身是菩提树，心如明镜台；时时勤拂拭，勿使惹尘埃"中，神秀把"身"喻为"菩提树"，强调禅修所需要的条件即个人禅修过程中应具备自觉意识，以及个人天生的内在佛性。"时时勤拂拭，勿使惹尘埃"，则强调了获取真知的艰苦过程，对禅修者而言具有警示和鞭策的作用，要求个人在一切实践活动与言谈举止中持之以恒，不断地排除各种私心杂念和外在干扰，让心境保持清净。

相比之下，顿悟之道则是极为诗化的禅修之道。慧能作了"菩提本无树，明镜亦非台。本来无一物，何处惹尘埃?"这首偈语，其意如同钟摆，叩其另外一端，与神秀的偈语截然对立。慧能认为，菩提之身，明镜之心，都无须谈起，均属无中生有的赘词与愚痴。"实相无相"的空无本真，在"本来无一物"的断言中，得到了充分而直白的表述。如此一来，四大皆空，万物皆无，渐悟累世的修为之法，便显

① 释普济:《五灯会元》卷一,《释迦牟尼佛》。

得浅薄又多余了。当然,慧能并未否认"一切众生皆有佛性"的基本原则,而是把"见性成佛"的顿悟之道推向极致。在慧能眼里,自心是佛,无须狐疑延宕,外物无一可以建立,一切的一切都是虚拟,是从人心中生发或想象出来的。"心外无物",人的本心就是一切。这本心天生清净澄明,根本谈不上惹什么尘埃、受什么污染。因此,只要直指本心,佛我不分,便可实现顿悟玄旨、立地成佛的目标。

这种诗化的顿悟之法不仅抛开了"戒"的禁制阶段,同时也悬置了"定"的修行阶段,直指"慧"的彻悟结果。诚如他本人所言:"若开悟顿教,不执外修,但于自心常起正见。烦恼尘劳,常不能染,即是见性。"①这便是顿悟的基本特征。"见性"是有条件的,譬如,"若起正真般若观照,一刹那间,妄念俱灭。若识自性,一悟即至佛地。"②其意思说,如果通过正直真诚的般若智慧来观照真如,就会在一刹那间,把妄念全部消灭。上述观照,虽起于智慧,但决于本心。此外,慧能特别强调:"智慧观照,内外彻明,识自本心;若识本心,即本解脱;若得解脱,即是般若三昧,即是无念。何名无念?知见一切法,心不染着,是为无念。"③其意思是说,以智慧去观照,就会内外明彻,认识自己本来具有的正直真心;如果认识了自己本来具有的正直真心,就是从根本上得到了解脱;如果得到了解脱,就说明你懂得了般若的奥妙;般若的奥妙,就是无念。什么叫无念?看见世界上的一切事物,又不拘泥留恋于任何事物,这就是无念。此种无念观,类似于前述的自然而然观,它与诗性审美体验一样,不凭借抽象的理性思维和概念判断,而借助直觉思维与禅悟去实现真我,使主客体沟通交融,达到一种契合状态,从而实现对空灵之美的体验。④

---

① 《坛经》,尚荣译注,中华书局,2013,第 52 页。

② 同上书,第 56 页。

③ 同上。

④ 原载自《五台山研究》2009 年第 3 期,第 35-38 页。

美学与美育

下编
美　育

第八章　中西美育文化

一、席勒与《美育书简》

18 世纪的德国诗人、剧作家、美学家弗里德里希·席勒，深受法国启蒙思想与康德哲学的影响。他在“狂飙突进运动”中与歌德并肩传播启蒙思想，代表作有《欢乐颂》(诗歌)、《强盗》《阴谋与爱情》(剧作)、《论美书简》《美育书简》(美学)。我们在本书导论部分简单地介绍过席勒对美学概念的理解，以及他在美学上的贡献——美育理论，本节将围绕《美育书简》，对美感教育的意义、目标与途径进行系统的探讨。

《美育书简》(1795)是一部书信集，收录了席勒写给曾经恩惠于他的丹麦奥古斯滕堡公爵的 27 封信，以活泼的形式集中探讨了“美的本质”“人的审美教育”等论题，最初发表在文艺刊物《时序女神》上。《美育书简》也可看成对康德《判断力批判》的应答之作，席勒在《美育书简》的一开始就声明，自己的论断主要以康德原理为依据。黑格尔在《美学》(第一卷)中对席勒的美育思想给予了高度评价，认为其最大的贡献是克服了康德美学的主观性与抽象性;《美育书简》的理论起点是“每一个人都有本领去实现理想人性”①，其根本归旨是人的感性与理性的统一，亦即人的心灵与自然的和谐一致。门罗·比厄斯利在《美学史》中对席勒美学的理论来源与理论特质也进行了概括：

他精读康德，在第三个《批判》的认识论框架、美的基本理论及其认

① ［德]黑格尔:《美学》(第一卷)，朱光潜译，商务印书馆，1979，第 77 页。

识官能的关系之中，发现了他需要解决的关于人与文化一般问题以及他在思考的关于自由问题。他能将这些康德观念与其他的影响联系起来——他的朋友费希特所思考的教育和道德哲学问题，以及他的紧密同伴歌德所作的形而上的思辨。①

朱光潜在《西方美学史》中也专设章节讨论了席勒的美学思想。其中指出，席勒写作《美育书简》在理论上是受到康德美学，即《判断力批判》的启发，而其现实诱因则是18世纪90年代法国大革命的影响，一方面他认识到封建专制国家的统治基础正在坍塌，长期处于麻木不仁或自我欺骗中的中下层民众已经觉醒过来，另一方面，他看到下层阶级的野蛮行径、有教养阶层的萎靡不振，以及法国雅各宾党人的暴政，因此对封建制度持改良主义的态度。“他渴望自由，但是不满意于法国革命者所理解的自由，而要给自由一种新的唯心主义的解释：自由不是政治、经济权利的自由行使和享受，而是精神上的解放和完美人格的形成。”②这便不难理解席勒缘何如此看重人的感受能力的培养，强调由审美教育通达理想人格、获得独立自由，并将其作为政治、经济改革的必要条件。

席勒在《美育书简》中首先涉及便是“美的本质”问题。如笔者在第一章中所述，美的本质问题实乃哲学问题，它最开始也是经由哲学家提出的。在《大西庇阿斯篇》中柏拉图向西庇阿斯几番追问“何为美本身”，所获之答案从现象界中美的个别事物，到美是“有用”或“有益”，都无法符合柏拉图心中对于“美的本质”的定义，无奈他最后的结论为“美是难的”。席勒是否能够破解这一难题呢？他所采用的方法又是什么呢？

席勒将“美的本质”问题，落脚到对美的个体与美的国家的讨论上。他认为人是自然的产物，也是处在一定的国家组织当中的个体。自然赐予人的礼物——自然的情感与本能当中，既有友善、团结与爱等高尚的部分，也包括自私、专横和残暴等非道德的部分。国家有两种，一种是自然的国家，另一种是道德的

① ［英］门罗·比厄斯利：《美学史：从古希腊到当代：汉英对照》，高建平译，高等教育出版社，2018，第373页。

② 朱光潜：《西方美学史》，中国友谊出版公司，2019，第460页。

国家，自然的国家依靠的是物质实力，道德的国家则按照理性的法则（道德律令）建立。

对于个体而言，不论是他的情感支配了理性原则，还是他的理性原则摧毁了他的情感，感性与理性都是冲突的，人的内心是分裂的，无法构筑审美的心境。反之，真正有教养的人，也就是拥有人性之美的人，他的典型特征是："把自然当作自己的朋友，他尊重自然的自由，而只是抑制了自然的专横。"①他的道德性格虽然使其摆脱了物质的强制，实现理想的人格、美的天性，但又不至于完全牺牲其自然的性格与自然的需求。

美的国家与美的个体（公民）相互依存，它"不仅应该重视个体身上客观的和一般的性格，而且应该重视个体身上主观的和特殊的性格"②。席勒认为，国家之于个体的形塑，不同于美的艺术家对素材的加工，因为艺术家会毫不迟疑地对素材施以或隐或显的强制力量，将素材加工成合乎其目的的形式，国家的艺术家（教育家或政治家）则必须把人作为素材，又当作他们的使命，在客观上要实现人的内在本质，因而要尊重每个人的独特性，保障其人格的完整性。

《美育书简》涉及的第二个问题是关于"人的审美教育"如何可能的问题。这个问题的提出与席勒对他所处时代的深刻洞察密切相关，他发现启蒙时代中的人性是分裂的，它表现在想象力与抽象精神相互对立，感性直观与理性思辨各自为政。分裂的原因在于"国家与教会、法律与习俗都分裂开来，享受与劳动脱节、手段与目的脱节、努力与报酬脱节"③。因而如何恢复人性的完整性，成了席勒思考的重心。他发现，要使人性恢复完整，让人的天性充分发展，需要首先立足于人的感性，从人的性格出发，以性格的高尚化为目标，通过感受能力的培养打开人的心灵，再作用于人的头脑——理性。

席勒用来协调感性与理性，或曰感性冲动与形式冲动，所借助的工具是"美的艺术"，在他看来艺术占据着不受一切政治腐化的领地，"艺术比自然更能鼓舞人心，它起着教育和警醒的作用"④。并且它所给予的教育和警示并不会让人感

① [德]席勒：《美育书简：德汉对照》，徐恒醇译，社会科学文献出版社，2016，第 42 页。
② 同上书，第 41 页。
③ 同上书，第 54 页。
④ 同上书，第 72 页。

到畏惧,因为在鉴赏活动中,在优异的象征与内涵丰富的形式的指引下,人会在潜移默化中接受艺术所传递出的原则,进而在行动中驱除粗俗、轻浮、任性与懒散等劣根性。同时,席勒也看到,在一些时代,在一些人那里,美的作用是消极的,美成了纵欲与恶习的遮羞布,令许多意志薄弱的人违反道德、违背真理。但从总体上,他还是对美的艺术持肯定的态度,认为一个民族审美文化繁荣与政治自由、公民道德的发展是携手并进的。

席勒对美的艺术也抱有很大的期许,认为美的艺术能够唤起人的游戏冲动。换言之,在对美的艺术进行欣赏的过程中,人的感受性与自主性相互交融、感性冲动与理性冲动协调一致。在席勒看来,感性冲动依照自然规律,排除一切主动性,理性冲动则依照理性法则,排除了一切依从性,因此这两种冲动都强制心灵,使人感到痛苦。而游戏冲动能够将感性冲动与理性冲动结合起来,使感觉与情感符合理性的观念,又从理性的法则中排除道德上的强制,让人的感性与理性得到协调发展,使主体进入生存的完善状态。游戏或游戏冲动概念在《美育书简》中被反复提到,但缺乏较为清晰的定义,更没有通过现实生活中特定的游戏类型来进行类比说明,他在《第二十七封信》中有一段关于动物工作状态与游戏状态的对照性描述,可以帮助我们来理解游戏概念:“当缺乏是动物活动的推动力时,动物是在工作。当精力的充沛是它活动的推动力、盈余的生命力在刺激它活动时,动物就是在游戏。”据此,游戏的状态是一种摆脱了某种外在需求的状态,处在游戏状态中的人才能够享受生命的乐趣。

席勒所设想的人之生存的完善状态,毋宁说是一种自由的状态、游戏的状态,在此状态中人的感情冲动与理性冲动互不抵牾、发展平衡:“当人是完整的并且他的两种冲动已经发展起来时,才开始有自由。”①更进一步说,这种心灵的自由状态即自由的心境是指,人在精神上既不受物质的强制,也不受道德强制。受物质强制的状态,席勒在《第二十四封信》中将其描述为人受到自然力的压迫的状态,人“在自然力量和伟大中只看到了他的天敌”②。受道德强制的状态,他在同一封信中将其描述为人受到外在的道德法则的约束的状况,人“感到理性给他

① [德]席勒:《美育书简:德汉对照》,徐恒醇译,社会科学文献出版社,2016,第 144 页。

② 同上书,第 175 页。

戴上了枷锁……察觉不到自己身上立法者的尊严，而只体验到服从的强制性和无力的反抗"①。在席勒看来，经由审美训练获得的教养，可以使自然规律与道德法则都不再成为束缚人、压制人的东西，审美不仅可以使一个感性的人成为一个理智的人，而且可以使之成为道德的人。这里的道德是指康德意义上的具有普遍有效性的道德律令。

席勒在《审美书简》中，由对"美的本质"的探讨，过渡到"人审美教育"问题，勾画出人性之美与国家之美的蓝图，为美学的发展开辟了一条既有益又有趣的方向——美育。他深刻洞察到启蒙时代人性的分裂，即感性与理性的分裂，并且开出通过艺术陶冶情感、涵养人格、指导行为的药方，对美育的社会价值予以充分的阐释，指出通过审美训练（艺术教育）可以使人获得完整统一的人性、实现真正的自由（内在自由），进而解除启蒙时代的文化危机，使人类之全体获得幸福。这虽具有理想主义色彩，但至今仍具有启示意义。

二、蔡元培："以美育代宗教"

中国近代美育理论的开拓者、教育家、学者蔡元培（1868—1940，字鹤卿，又字孑民），在冯友兰的回忆文章《我所认识的蔡孑民先生》中被描述为有着"春风化雨"般的气象与"极高明而道中庸"的境界②。他曾是清光绪十八年进士，被点为翰林院庶吉士，在甲午战争后开始接触西学，1907 年至 1911 年留学德国（当时的德国是世界学术的中心）。他曾在柏林、莱比锡两地学习，在莱比锡大学期间，对德国美学产生浓厚兴趣，业余时间常常参观当地美术馆、博物馆，还观看了大量的话剧、歌剧。辛亥革命后，蔡元培任教育总长，致力于教育改革。1912 年，他首次将"美育"（Ästhetische Erziehung）一词引入中国。1916 年至 1927 年，他担任北京大学校长，其间开"学术"与"自由"之风，聘请教师的时候主张"兼容并包"，不论政治派别、年龄等，只看在某一专业上有贡献，劝勉学生在大学研究高深学问、砥砺德行、敬爱师友，使北京大学成为新文化运动的中心。他的主要著述被编为《蔡元培全集》，代表性文章有《美育与人生》《就任北京大学校长之演

① ［德］席勒：《美育书简：德汉对照》，徐恒醇译，社会科学文献出版社，2016，第 179 页。

② 陈平原、郑勇：《追忆蔡元培》，中国广播电视出版社，1997，第 162-164 页。

说》《美育代宗教》《怎样才配称作现代学生》等。

蔡元培所提倡的美育旨在陶冶人的情操，因为美好的情操、高尚的德行，能够助人成就一番事业。他在《美育》一文中指出："美育者，应用美学之理论于教育，以陶养感情为目的者也。人生不外乎意志，人与人相互关系，莫大乎行为，故教育之目的，在使人人有适当之行为，即以德育为中心是也。"①这说明，美育是美学在教育领域中的延伸，美育能够使人获得高尚的情操，而高尚的情操可以对人的意志施以正面的影响，使人在现实生活中能够协调好人际关系。关于意志的看法，蔡元培与德国哲学家阿图尔·叔本华（Arthur Schopenhauer，1788—1860）的观点较为接近，即认为人之根本在"意志"（Wille，又译为"意欲"），大自然也是意志的载体，然而意志是盲目的、非理性的，它是无尽的欲求，亦是痛苦之源。蔡元培在此基础上指出，人可以通过情感上的陶冶，推动意志成就伟大、高尚的事业，而陶冶情感的活动就被他称为美育。

他在《美育与人生》一文中，更细致地说明了何以美的事物能够陶养感情，让人产生美好的行为。"名山大川，人人得而游览；夕阳明月，人人得而赏玩；公园的造像，美术馆的图画，人人得而畅观。"②这几例均说明，美的事物可以让许多人共同来欣赏，并且在与人共赏中能够获得更多的欢乐，这里说的是，美具有普遍性，美的事物不会由于多个人共同欣赏而使它的美减损分毫，反之，人们在对美的事物进行共同欣赏的过程中，可以使人打破"我"的固守与成见，拓宽眼界、提升审美水平。"宫室可以避风雨就好了，何以要雕刻与彩画？器具可以应用就好了，何以要图案？语言可以达意就好了，何以要特制音调的诗歌？"③这几个问句恰好表达了康德美学的一个重要观念，即审美无功利性，美的宫室、美的器具与美的语言都让我们在一定程度上忘记了它们本身的实用性，而是从超脱出个人利害关系的角度重新审视它们的价值。在蔡元培看来，通过美的普遍性来打破个人的成见，由美的超脱性来使人超越利害得失，一方面可以提升人的交往的能力，另一方面能够涵养出高尚的人格，在重要关头才能够生出英雄人物的气概与

---

① 蔡元培：《蔡元培谈教育》，辽宁人民出版社，2015，第 74 页。

② 同上书，第 80 页。

③ 蔡元培：《中国人的修养》，台海出版社，2016，第 231 页。

勇气。他还强调，通过美育的方式来提升人的交往能力，既要培养道德品质，又要让人具备清醒的头脑，即以知识与道德为前提才能做出合适的行为。因此，美育须与智育和德育相辅，才能更好地发挥矫正人行为的功用。

蔡元培曾多次以“以美育代宗教”为题进行演讲，至于为何要以美育代宗教，他给出的理由是：其一，宗教中原本就含有智育、德育、体育、美育的元素，“宗教家择名胜的地方，建筑教堂，饰以雕刻、图画，并参用音乐、舞蹈，佐以雄辩与文学，使参与的人有超出尘世的感想，是美育”①。当科学发达之后，宗教上被认为有价值的只有美育的元素。其二，不可保留宗教，以利用其在美育上的价值，因为“美育是自由的，而宗教是强制的”，“美育是进步的，而宗教是保守的”，“美育是普及的，而宗教是有界的”。② 由此可见，在现代世界，宗教与美育的主旨已然相悖。此外，若以宗教充美育，还会引起审美者的联想，是其在智育、德育诸方面受宗教浸染，而无法有纯粹的审美感受，故不能涵养纯洁高尚的情操。

蔡元培曾多次声明，自己主张“以美育代宗教”，其中的“美育”不可改为“美术”，并详细地阐明其原因：

> 盖欧洲人所谓美术，恒以建筑、雕刻、图画与其他工艺美术为限；而所谓美育，则不仅包括音乐、文学等，而且自然现象、名人言行、都市建设、社会文化，凡合于美学的条件而足以感人的，都包括在内，所以不能改为美术。③

这段话一则说明美育所涉及的领域远远大于美术，二则在实践层面，为美育划定了一个宽阔的范围，既包括建筑、雕刻、图画、音乐、文学这类象牙塔内的与美相关的专业，又包括了自然、社会与个人层面的美化。由此，蔡元培所提倡的美育，绝不是专业、学科化的“艺术教育”，而是包括通过自然景物（园林点缀、公墓经营）、社会景观（美术馆设置、市容布置）、个人的谈话与容止等形态开展的构

---

① 蔡元培：《蔡元培教育名篇》，教育科学出版社，2013，第 169 页。

② 同上书，第 170 页。

③ 同上书，第 171 页。

筑现代中国国民性之根基的美育。这种美育让人对文学、绘画与音乐等艺术形式具有独特的鉴赏情趣，即便是在困厄之中也能凭此得到满足与喜悦；也能启发人的智识，可以将思想和希望聚焦于真正有价值的事物；更重要的是，它可以帮助人们养成完全之人格，获得人生之超越、解放与自由。

三、新时代美育思想：作用、宗旨、方法与目标

“新时代美育思想”是指党的十八大以来，以习近平同志为核心的党中央关于美育的地位、作用、宗旨、目标等相关问题的核心观点及论述，这些思想有的来自习近平总书记的讲话和公开信，有的来自国务院办公厅印发的文件，有的来自教育部出台的意见，是一整套符合新时代中国特色社会主义发展进程的思想理论。新时代美育思想也是习近平新时代中国特色社会主义思想的内在组成部分。如何理解和阐释新时代美育思想，不仅关系到对习近平新时代中国特色社会主义思想的总体把握，而且关系到如何在当代中国高校推进美育实践，有效培养社会主义建设者和接班人。

党的十八大以来，习近平总书记针对教育、社会主义文化工作发表了一系列重要讲话，美育位列其内，且屡次被谈论，其重要性可见一斑。其中 2018 年 8 月《习近平给中央美术学院老教授的回信》(下文简称《回信》)专门聚焦高校美育工作的现状，提纲挈领地回答了美育的作用、宗旨、方法与目标，始于“个别”——谈论高校美术教育，终于“一般”——指导高校美育实践。这篇专门聚焦美育工作的《回信》与其他涉及美育的重要讲话、意见、政策之间蕴含着怎样的理论逻辑？以下笔者将从四个方面来论述。

（一）美育的作用

《回信》首先明确了美育与美术教育之间的关系，并且准确定位了美育的重要作用。即“美术教育是美育的重要组成部分，对塑造美好心灵具有重要作用”①。这意味着，美术教育只是美育的重要组成部分，而非美育的全部内容。美育工作不仅包括美术、音乐、体育爱好方面的培养，还涵盖中华优秀文化、道德精

① 新华社:《习近平给中央美术学院老教授的回信》,《美术》2018 年第 10 期,第 6 页。

髓与审美性情的陶冶;美育的重要作用体现在心灵之美的塑造与精神向度的提升上。

在新时代,与美育同样肩负重要使命的还有文艺工作与哲学社会科学工作。2019 年 3 月,习近平总书记看望参加政协会议的文艺界社科界委员时指出:"一个国家、一个民族不能没有灵魂。文化文艺工作、哲学社会科学工作就属于培根铸魂的工作,在党和国家全局工作中居于十分重要的地位,在新时代坚持和发展中国特色社会主义中具有十分重要的作用。"①这说明,美育工作与文化文艺工作、哲学社会科学工作,均专注于以美育人、以文化人,共同支撑、促进着美好心灵的塑造。

美育的重要作用还体现了中国特色社会主义教育的本质属性。2018 年 9 月,习近平在出席全国教育大会时指出:"教师是人类灵魂的工程师,是人类文明的传承者,承载着传播知识、传播思想、传播真理、塑造灵魂、塑造生命、塑造新人的时代重任。"②因此,美育工作的重要作用,实际上已上升到教育强国的高度,美育不仅作用于美好心灵的塑造,而且长期作用于提高人民综合素质、促进人的全面发展,增强中华民族创新创造活力,以及美好生活的构建。

(二)美育的宗旨

美育工作的宗旨,即美育"要坚持立德树人",这说明,美育与德育、智育、体育、劳动教育和思想政治教育的宗旨相一致,均致力于培养社会主义的建设者和接班人、培养拥护中国共产党领导和我国社会主义制度、立志为中国特色社会主义奋斗终身的有用人才。

2017 年 10 月,习近平总书记在党的十九大报告中就"发展教育事业"指出:"要全面贯穿党的教育方针,落实立德树人根本任务,发展素质教育,推进教育公平,培养德智体美全面发展的社会主义建设者和接班人。"③这里不仅提出了教育事业的全面发展标准,并且将德智体美全面发展的标准内嵌于立德树人的根本

① 新华社:《习近平看望参加政协会议的文艺界社科界委员》,《中国政协》2019 年第 5 期,第 4 页。

② 新华社:《坚持中国特色社会主义教育发展道路 培养德智体美劳全面发展的社会主义建设者和接班人》,《党建》2018 年第 10 期,第 4 页。

③ 习近平:《习近平谈治国理政》第三卷,外文出版社,2020,第 36 页。

任务。

2019 年 3 月，习近平总书记在学校思想政治课教师座谈会上指出："思想政治理论课是落实立德树人根本任务的关键课程。青少年阶段是人生的'拔节孕穗期'，最需要精心引导和栽培。我们办中国特色社会主义教育，就是要理直气壮开好思政课，用新时代中国特色社会主义思想铸魂育人，引导学生增强中国特色社会主义道路自信、理论自信、制度自信、文化自信，厚植爱国主义情怀，把爱国情、强国志、报国行自觉融入坚持和发展中国特色社会主义事业、建设社会主义现代化强国、实现中华民族伟大复兴的奋斗之中。"①这意味着，大中小学的思想政治教育与德智体美劳教育的宗旨完全一致，即落实立德树人的根本任务。

2020 年 3 月出台的《中共中央 国务院关于全面加强新时代大中小学劳动教育的意见》中特别提到："坚持立德树人，坚持培育和践行社会主义核心价值观，把劳动教育纳入人才培养全过程，贯通大中小学各学段，贯穿家庭、学校、社会各方面，与德育、智育、体育、美育相融合。"②这样一来，劳动教育也被纳入立德树人的根本任务当中。

因此，2018 年习近平总书记在全国教育大会上强调的以提高学生审美和人文素养为主要内容的美育，与培养正确人生观、价值观的德育，教授系统科学知识与技能的智育，授予健康知识、增强体质的体育，培养正确劳动价值观和良好劳动品质的劳动教育，以及传播意识形态、引导学生树立正确的理想信念、思维方法的思想政治教育，这六种教育的宗旨都是立德树人。在此宗旨的指引下，它们彼此相互补充、相互支持与渗透。

（三）美育的方法

就如何做好美育工作，《回信》主要强调了三点，即美育要"扎根时代生活，遵循美育特点，弘扬中华美育精神"③。这首先意味着，美育工作与文艺创作、学术研究一样，都需要扎根到生活中去。2014 年 10 月，习近平总书记在文艺工作座

---

① 习近平：《习近平谈治国理政》第三卷，外文出版社，2020，第 329 页。

② 《中共中央 国务院关于全面加强新时代大中小学劳动教育的意见》，《人民日报》2020 年 3 月 27 日。

③ 新华社：《习近平给中央美术学院老教授的回信》，《美术》2018 年第 10 期，第 6 页。

谈会上的讲话中指出:“文艺只有根植现实生活、紧跟时代潮流,才能发展繁荣;只有顺应人民意愿、反映人民关切,才能充满活力。”①2019 年 3 月,习近平总书记看望参加政协会议的文艺界社科界委员时也强调,文艺创作要立足现实,“一切有价值、有意义的文艺创作和学术研究,都应该反映现实、观照现实,都应该有利于解决现实问题、回答现实课题”②。这说明,不论是美育、文艺创作还是学术研究,都需要从生活中汲取资源和营养,紧跟时代的步伐,积极回应时代提出的问题,最终回馈于民,坚定人民对美好生活的憧憬与信心。

其次,做好美育工作须得“遵循美育特点”。什么是美育的特点?习近平总书记在《回信》中对美育工作者的寄语中已概括出,即“以大爱之心育莘莘学子,以大美之艺绘传世之作”③。这说明,美育并不是单纯的艺术教育,而是以大爱之心为勃发的审美教育,并且这种教育有着高远的理想和目标,拥有把大美之艺世代相传、倾囊相授的胸怀与气魄。

最后,“弘扬美育精神”是做好美育工作的题中应有之义。仲呈祥先生就《回信》中“弘扬美育精神”的重要性进行了解读。他指出:“作为党和国家的主要领袖,旗帜鲜明地提出要传承和弘扬中华美学精神,这次又提出要弘扬中华美育精神,这不仅是首次,而且意义非凡,令人深思。”④仲呈祥先生注意到“中华美育”与“中华美学”在精神内涵上的差异,一个重在以审美的方式把握世界,另一个强调通过审美实践来育人。

(四)美育的目标

《回信》指出,美育工作要抵达的目标是“让祖国青年一代身心都健康成长”。这其实也是美育的重要作用——“塑造美好心灵”——的题中应有之义。美育重在提升内在人格修养,引导学生拥有美好健全的人格、乐观向上的精神状态。2018 年,习近平总书记在全国教育大会上指出:“教育是民族振兴、社会进步的重

① 中共中央宣传部:《习近平总书记在文艺工作座谈会上的重要讲话学习读本》,学习出版社,2015,第 19 页。

② 新华社:《习近平看望参加政协会议的文艺界社科界委员》,《中国政协》2019 年第 5 期,第 4 页。

③ 新华社:《习近平给中央美术学院老教授的回信》,《美术》2018 年第 10 期,第 6 页。

④ 仲呈祥:《以中华美学精神做好美育工作——学习〈习近平给中央美术学院老教授的回信〉有感》,《艺术教育》2018 年第 21 期,第 34 页。

要基石，是功在当代、利在千秋的德政工程，对提高人民综合素质、促进人的全面发展、增强中华民族创新创造活力、实现中华民族伟大复兴具有决定性意义。”①这说明，美育工作的目标统一于中国特色社会主义教育事业的总体目标。

此外，美育工作的目标与构建德智体美劳全面培养的教育体系的总体规划相一致。2019 年 4 月，教育部印发的《关于切实加强新时代高等学校美育工作的意见》（下文简称《意见》）指出，美育工作的基本原则之一是“坚持面向全体”，既要让所有在校学生都享有接受美育的机会，又要促进德智体美劳有机融合。这说明，美育教学机制与评价体制的完善，学生审美和人文素养的提升，离不开与德育、智育、体育和劳动教育的有机融合、相互配合。

通过梳理可以看到，美育的作用、宗旨、方法与目标环环相扣，美育工作与文艺工作、学术工作密切关联，美育与德育、智育、体育、劳动教育、思想政治教育六位一体。在作用上，美育工作与文艺工作、哲学社会科学工作相一致，都承载着培根铸魂、以美育人、以文化人的重要使命；在宗旨上，美育工作与德育、智育、体育、劳动教育以及思想政治教育工作相统一，都以立德树人为宗旨，致力于培养社会主义的建设者和接班人；在方法上，美育不仅同文艺创作、学术研究一样，都需要扎根生活、扎根人民，而且还须遵循自身的特点，拥有有教无类的“大爱之心”与倾囊相授的“大善之德”。在目标上，美育工作唯有同德智体美劳有机融合，才能实现祖国青年一代身心都健康成长的最终目标。

① 《习近平总书记教育重要论述讲义》编写组：《习近平总书记教育重要论述讲义》，高等教育出版社，2020，第 78 页。

第九章　庄子的人性观及其美育意涵

庄子(约前369—约前286)，姓庄，名周，战国时期宋国人，与孟子同时代，过着隐居生活。庄子在思想上继承并发展了老子的“道法自然”学说，其思想集中体现在《庄子》(又名《南华经》)一书中，他与老子并称为“老庄”，其美学思想对后世的影响极为深远。庄子的人性观是庄子美学思想的一个重要组成部分。庄子认为，人性的本真状态和理想状态是自然。当人生陷入困顿的时候，需要通过“心斋”“坐忘”这两种修养方法，才能摆脱物性世界的束缚，回归人性的本真，进入豁然开朗的自由精神天地。

庄子处于列国称霸、诸侯逞强、战争频繁的年代，他深刻地体察到人们心灵的困顿与精神的无依无靠。《庄子·山木》云：“今处昏上乱相之间而欲无惫，奚可得邪？此比干之见剖心，征也夫！”于是他的思想更加关注现实人的生存状态和精神状态，这些都与他对人性的诠释息息相关。什么是人性？《庄子·庚桑楚》篇讲：“性者，生之质也。”性是生命的本质。性是天生的，不是后天修习得来的，性就是人的本然之性。诸子百家对“人性”予以各种不同的诠释与理解。比方说，孟子认为人的本性是善，荀子认为人的本性是恶，这都属于价值判断，而价值判断的前提和基础是事实判断。事实判断是要判定一个事物的状态、性质、外在表现。对人性作判断，首先也应当判定人性到底怎么样。庄子一语揭破，人的本性是自然，这里的自然可以理解为人的一种本真状态，它呼应着不事雕琢、真实纯粹的人生境界，蕴含着真挚朴素、恬淡无极的审美情怀。

庄子提出的自然人性观及其归途，想要解决的是人性的“异化”问题。这个“异化”，并不是资本主义工业化、城市化使人性产生的“异化”，而是在封建制度形成阶段，社会动荡、分化、礼崩乐坏的时期产生的人性的“异化”。具体表现为：父子之间关系紧张，兄弟之间不和睦，夫妻不能团聚，人们的伦常、道德尽失。庄子人性观的那种对本真之我的追求，对自在、自由的向往应唤起我们对自身的反思，使我们变得更加智慧、更加清醒。庄子的“心斋”和“坐忘”为的是使人的自然本性不被污染、不受束缚，所追求的是精神的超脱所得的快乐，所抵达的是内心最适意的境界，所彰显的是高扬个体价值的审美态度。

之所以将本章归入“美育”编，是因为庄子人性论彰显了中华美育精神，即超越功利、与道合一、澄明旷达等，在此种精神的指引下，方能塑造美的心灵、抵达美的境界、创造出美的艺术。

一、人的本性——自然

庄子秉承老子道法自然的思想，认为道的本性是自然，宇宙万物都是由道化生而来的。人的本性来自道的本性，故人的本性也是自然。庄子提倡保持万物的自然本性，反对人为地对事物的自然本性进行扼杀。庄子所说的自然，是指事物的本真存在方式，是一切存在物其内在天性自然而然地流露、不受外在约束的自在状态，所以又是一种自由的状态。这里需要说明的是，在西方哲学史中有一种观点认为，自然和自由彼此矛盾。自由是对于自然的认识，是按照必然规律办事。在自然状态中，人还没有认识规律，外在力量对于人还是作为一种不可驾驭的、可怕的力量发挥作用，人在自然界的外在威力面前无能为力。而在中国哲学中，特别是在庄子的思想中，一个事物如果它是自然的，那就意味着没有外在的制约和限制，完全摆脱了社会当中的人际关系，是一种自在、逍遥的状态。人一旦认识到自己的自然本性，就可以获得自由。

《庄子·马蹄》讲道：

> 马，蹄可以践霜雪，毛可以御风寒。龁草饮水，翘足而陆，此马之真性也。①

---

① （晋）郭象注，（唐）成玄英疏，曹础基、黄兰发点校：《庄子注疏》，中华书局，2011，第182页。

自然环境中的马，它的蹄子可以踏霜雪，它的毛皮足以挡风寒。在森林里、在草原上，它这样自由自在地行走着，饥则食，渴则饮，这是马的本性。

《庄子・养生主》讲道：

> 泽雉十步一啄，百步一饮，不蕲畜乎樊中。①

那种生活在自然环境中的小水鸭，宁可辛苦觅食都不愿被人关在笼里饲养，因为被关在笼中就没有了自由。鸟儿按其本性应飞翔在天空中，马儿按其本性应驰骋于田野上，这是一种自然天性的抒发，天底下所有动物都应按其天性获得自由。

《庄子・齐物论》中庄周梦蝶的故事，从一个侧面反映出人的自然本性对自由的神往和追求。

> 昔者庄周梦为胡蝶，栩栩然胡蝶也，自喻适志与！②

庄子之所以梦到自己变成蝴蝶，与他在现实生活中强烈的不自在、不自由感有莫大的关系。他希望能够像蝴蝶那样，像小鸟那样，像野马那样，自由自在地驰骋、飞翔。

《庄子・马蹄》里讲道：

> 彼民有常性，织而衣，耕而食，是谓同德。一而不党，命曰天放。③

庄子将普通民众的本性叫作常性。常性是一种本然的生存状态，就是男耕女织，就是日出而作、日落而息，就是“天放”。“天”为天然、自然，“放”为自在、自由。

---

① （晋）郭象注，（唐）成玄英疏，曹础基、黄兰发点校：《庄子注疏》，中华书局，2011，第 68 页。

② 同上书，第 61 页。

③ 同上书，第 183-184 页。

庄子设想，如果人人都保持着自然的天性，那么它将会是一个理想的时代，他称之为至德之世。在这个时代里，普通民众能够按其自然本性自由自在地生活：

至德之世，其行填填，其视颠颠。[①]

至德之世就是人性最纯朴的时代。“填填”就是满足无欲的样子。“颠颠”就是双眼直视对方，两眼清澈透明，率直的样子。[②]

至德之世中的人只是万物中的普通一物。人与动物可以同游、同居。人与人之间也没有君子、小人之分，人们都无知无欲，素朴自然，栖居在天地之中。正是在这样一种状态下，人才充分展示了自己的本性。庄子在《庄子·骈拇》中举例说：

天下有常然。常然者，曲者不以钩，直者不以绳，圆者不以规，方者不以矩，附离不以胶漆，约束不以纆索。[③]

这里的“常然”就是事物的本来状态，“常然”也是自然。事物的曲、直、方、圆是其原本的状态，而不是通过人为的力量造成的。在庄子看来，儒家讲的仁义学说，是人为地套在人性上的枷锁，扭曲了人的自然本性，所谓圣人之道有可能会为强盗所利用，导致人性的堕落。故庄子主张国家应该实行宽松的政治政策，不要刻意治理天下，使民众自由自在地生活，不改变人的天性和天德。《庄子·在宥》开头就谈到了这个问题：

闻在宥天下，不闻治天下也。在之也者，恐天下之淫其性也；宥之也者，恐天下之迁其德也。天下不淫其性，不迁其德，有治天下者哉？[④]

---

① (晋)郭象注，(唐)成玄英疏，曹础基、黄兰发点校：《庄子注疏》，中华书局，2011，第 184 页。
② 马恒君：《庄子正宗》，华夏出版社，2007，第 104 页。
③ (晋)郭象注，(唐)成玄英疏，曹础基、黄兰发点校：《庄子注疏》，中华书局，2011，第 176 页。
④ 同上书，第 200 页。

庄子从对生命个体自然本性的认知出发，提倡“在宥”的治国方针，实是不治之治。他的道理浅显又深刻，就是说人不要轻易其性，应该无知无欲、自自然然地活着。同时，这种自然的生存状态也是一种美的状态。《庄子·骈拇》中说，骈生的足趾与歧生的手指，的确是没有特殊的作用的。不过它们合乎事物的本然实况，并不违反性命的真性。

彼正正者，不失其性命之情。故合者不为骈，而枝者不为歧。长者不为有余，短者不为不足。①

如果硬要去破坏这种本然实况，将并生的足趾决裂，将多出的手指咬去，就要痛苦了。庄子举例说，鸭子腿短，但给它接上一段，那就会造成它的忧苦；鹤的腿细长，一旦给它截去一段，那就会造成它的悲痛。所以事物的本然实况就是最适合它生存的状态，不要人为地去“匡正”或改变。

在《庄子·天地》中，庄子谈到“至德之世”的人们不崇尚贤能，不推崇人的能力。但人们的行为很端正，并认为事情本应该如此：

至德之世，不尚贤，不使能。上如标枝，民如野鹿。端正而不知以为义，相爱而不知以为仁，实而不知以为忠，当而不知以为信，蠢动而相使不以为赐。②

这一幅和谐景象既是庄子对于理想时代的刻画，又是他对自然人性的具体描述。庄子认为，自然界万事万物都按其本性自然地生存着，有不同的生长方式、行为标准，人也一样，只有顺应了自然本性，才可以让心灵达到一种自由自在的状态，才可以使人自由自在地栖居在天地之间。

二、自然本性的复归——心斋与坐忘

“心斋”与“坐忘”既是一种对待人生的审美态度，又是获得自然本性的具体

① (晋)郭象注，(唐)成玄英疏，曹础基、黄兰发点校：《庄子注疏》，中华书局，2011，第173-174页。

② 同上书，第240-241页。

路径。

在庄子看来，人天生具有自然本性，但人在现实中很容易丧失这本性，原因是人很难抵制来自五个方面的诱惑。《庄子·天地》中说：

> 且夫失性有五：一曰五色乱目，使目不明；二曰五声乱耳，使耳不聪；三曰五臭熏鼻，困惾中颡；四曰五味浊口，使口厉爽；五曰趣舍滑心，使性飞扬。此五者皆生之害也。①

如果人对外在事物、感官享受过分地追求，就很容易失去其本真的状态，使人变得不自然、不自在、不自由。

因此，人要保全自己的本性，就得顺从生命的本质和自然之道而立身行事，一个人只有依据内在德性立身行事，才能保持生命的质朴、纯真而不致异化。《庄子·马蹄》中说：

> 夫至德之世，同与禽兽居，族与万物并，恶乎知君子小人哉？同乎无知，其德不离；同乎无欲，是谓素朴。素朴而民性得矣。②

（一）"心斋"

关于"心斋"，《庄子·人间世》中说：

> 颜回曰："吾无以进矣，敢问其方。"仲尼曰："斋，吾将语若！有心而为之，其易邪？易之者，皞天不宜。"
>
> 颜回曰："回之家贫，唯不饮酒不茹荤者数月矣。如此，则可以为斋乎？"曰："是祭祀之斋，非心斋也。"回曰："敢问心斋。"仲尼曰："若一志，无听之以耳而听之以心，无听之以心而听之以气！听止于耳，心止于

---

① （晋）郭象注，（唐）成玄英疏，曹础基、黄兰发点校：《庄子注疏》，中华书局，2011，第245页。

② 同上书，第184-185页。

符。气也者，虚而待物者也。唯道集虚。虚者，心斋也。”①

这样看来，庄子所追求的心理和精神上的所谓“心斋”，就是要用“道”来统摄和指导自己，物我兼忘，去“名”、去“知”。郭象注曰：“虚其心则至道集于怀也。”成玄英疏云：“唯此真道，集在虚心。故如虚心者，心斋妙道也。”②庄子在解释“心斋”之前先提出了“气”和“虚”这样两个相关的概念，“气”是一种精神经过净化之后的绝对宁静的生理和心理状态。通过养气以达到“虚”，凝神聚志，既“无听之以耳”，不使外部感官发挥感知的作用，又“无听之以心”，不使内部的“心之官”发挥思虑的作用，而只让“气”来调节和控制自我。在庄子看来，“虚”与“道”有着密切的联系。“唯道集虚”就是说只有“道”，才能聚集与形成“虚”。若没有达到此种境界，而让心志浮动，则只能叫作“坐驰”。

总之，通过“心斋”，可以排除思想中的杂念和欲望，使自己的精神达到一种虚空澄净、纯净旷达的状态。在这样的状态下，人的自然本性方能不被束缚。

（二）**“坐忘”**

庄子提出了“坐忘”的三个层次。首先，要忘掉儒家所倡导的仁义；其次，再忘掉盛行于先秦时期的礼乐，并且完全超脱于社会之外；最后，必须废弃肢体，去掉聪明，离开躯体，去掉智慧，以“同于大通”③即融入大道里，这样就叫“坐忘”。如《庄子·大宗师》所云：

颜回曰：“回益矣。”仲尼曰：“何谓也？”曰：“回忘仁义矣。”曰：“可矣，犹未也。”他日复见，曰：“回益矣。”曰：“何谓也？”曰：“回忘礼乐矣。”曰：“可矣，犹未也。”他日复见，曰：“回益矣。”曰：“何谓也？”曰：“回坐忘矣。”仲尼蹴然曰：“何谓坐忘？”颜回曰：“隳肢体，黜聪明，离形去知，同于大通，此谓坐忘。”仲尼曰：“同则无好也，化则无常也。而果其贤乎！

① （晋）郭象注，（唐）成玄英疏，曹础基、黄兰发点校：《庄子注疏》，中华书局，2011，第79-81页。

② 郭庆藩：《庄子集释》，中华书局，1961，第148页。

③ 同上书，第86页。

丘也请从而后也。"①

具体而言,庄子所谓"坐忘"有两层含义:首先,是要设想去掉生理上的躯壳,做到忘形;其次,是要去掉心理上和精神上的灵魂,做到去智。这样,灵与肉都没有了,自我全丧失了,就做到了忘我。因此,忘我是关键,只有忘我,外界的任何刺激才都不再发生作用,人从此也就脱离了人世的苦海,同于大通,进入了道的境界。"心斋"与"坐忘"都是要忘我,不同的是前者侧重于去知,排斥感官与外物的接触和感知,否定"心"的理性认识和逻辑思维,是对人的理性生命、精神生命的超越,重在"体道";后者侧重于"离形",不仅否定人的认识活动,还排除人的生理欲望,是对人的感性生命、肉体生命的超越,重在"与道同一"。

总之,"心斋"和"坐忘"是为了从超脱感性转到进入内心,进入纯精神的境界,"隳肢体,黜聪明,离形去知,同于大通","忘乎物,忘乎天,其名为忘己。忘己之人,是之谓入于天"(《庄子·天地》)。只有做到彻底地"忘",才能完全摆脱物性世界的束缚,进入豁然开朗的自由精神天地。如《庄子·刻意》中所描述的:

精神四达并流,无所不极,上际于天,下蟠于地,化育万物,不可为象,其名为同帝。②

庄子深信,这样的神游是人生的极境,因为它所面对的是"天地有大美而不言,四时有明法而不议,万物有成理而不说"(《庄子·知北游》)的至真至美的自然境界,这样的境界也是审美所需要的自由境界。

所以说,通过"心斋"与"坐忘"这两种精神修养的途径,可以使人勘破名利与智巧,让人之自然本性得以保持、复归。其实,如果真正达到了"心斋""坐忘"的境界,也就进入了审美的境界。在这样的境界中,人可以"原天地之美而达万物之理"(《庄子·知北游》),与外部对象融为一体,与宇宙的规律和谐一致,获得极大的愉悦。

---

① (晋)郭象注,(唐)成玄英疏,曹础基、黄兰发点校:《庄子注疏》,中华书局,2011,第155-156页。

② 同上书,第295页。

三、庄子人性观的美育意涵

庄子秉持自然人性观，认为人应该保持自然、自在、自由的天性。这种人性观不仅在他生活的战国时期显露出一种强烈的批判意识（比方说，他深刻地揭露了儒家推崇“礼乐”“仁义”的人性观的虚伪性），即使在今天仍具有超时空的震撼力；这种强调人们须得摒弃个体感官、心智，乃至社会规范、利益关系束缚的自觉意识与审美态度，对于当下身处不确定性的世界、面临艰难挑战的人们也具有启示意义。

现实社会中，文明的发展、科技的进步常常导致人的自然本性的异化。一旦人无法认清自己的本心，也不能与亲人、朋友进行有效的交流，那么各种焦虑不安、人格分裂，甚至道德沦丧都有可能发生。年轻人追名逐利，生活目标单一化、功利化，且通过理性与智巧来达到目标，往往被制度所牵制，使纯朴的天性丧失殆尽，远离了自由境界和审美境界。法兰克福学派的代表人物马尔库塞批判道，现代工业社会把本不属于人的本性的物质需求和享受无限度地刺激起来，虚假的需求被当作真正的需求，无止境地去追逐。这造成个人在经济、政治、文化等方面都日渐成为物质的附庸，甚至完全被商品拜物教所支配。①

庄子的“心斋”与“坐忘”，既为现代人提供了一条心灵解脱的路径，又启发人体味“天乐”，获得欣赏美与创造美的能力。他所追求的自然、自在和自由是所谓无待之逍遥，是要因顺万物之性，在与天地万物合一的状态中使生命的本然得以充分展示。而庄子心目中真正的自由就是一种“游心于无穷”（《庄子・恻阳》）的精神状态，能进入这种状态的人就是真正能进入审美境界的人，也就是“得至美而游乎至乐”（《庄子・田子方》）的“至人”。他可以“入无穷之门，以游无极之野。吾与日月参光，吾与天地为常……人其尽死，而我独存乎！”（《庄子・在宥》）。他可以在精神的超越中进入道的自由世界。

庄子心目中拥有自然人性的典型出现在《庄子・逍遥游》中，即所谓至人、神人与圣人。在庄子看来，至人没有偏执之我见，摒弃了自我中心主义；神人扬弃了为功名束缚的小我，而达到独与天地精神相往来的境界；圣人能够看破一切世

① 参见朱立元《当代西方文艺理论》第2版，华东师范大学出版社，2005，第214页。

俗的名利,“而使精神活动臻于悠游自在、无挂无碍的境地”,所以他们能够到达“乘天地之正,而御六气之辩,以游无穷”之境域。至人、神人与圣人的境界实际上是对人生的审美境界。冯友兰先生认为,处于此三种境界的人,由于超越了事物的普遍区别,也超越了自己与世界的区别,而能够与道合一,得到绝对的幸福。[①] 在李泽厚先生看来,至人、神人与圣人有着出世的态度、超脱的精神,即便是“知其不可而为之”,也能以不执着的态度去应对。[②]

庄子的自然人性观与“心斋”“坐忘”这两种精神修炼的方法,有助于我们在纷乱困扰的世俗生活中不易天性,在任何一种境遇下都能适意安然。庄子所讲的“自由”,不同于孔子“从心所欲不逾矩”的自由,即道德行为中不断努力方才得来的自由,而是彻底摆脱物性世界的干扰与束缚,忘掉个人的利害以及实用的束缚,使心灵归于虚静后获得的自由,即审美活动中的自由。我们也可以将庄子的自由理解为无意的自由,法国著名思想家、汉学家弗朗索瓦·于连在《圣人无意:或哲学的他者》一书中将庄子的“虚”与“静”理解为一种不受约束的心态,认为这种心态的高妙之处在于:放弃了一切个别的、拘囿的、僵化的认知,蕴含着消除偏见的智慧,画家画好竹子、诗人写好景色也都需要这样的心态[③]。可见,庄子的人性观及其归途,不仅具有深远的历史意义,而且对于现代人具有重要的美育价值。

---

① 冯友兰:《中国哲学简史》,涂又光译,北京大学出版社,2013,第108页。

② 李泽厚:《华夏美学·美学四讲》,生活·读书·新知三联书店,2008,第94页。

③ [法]弗朗索瓦·于连:《圣人无意:或哲学的他者》,闫素伟译,商务印书馆,2019,第150页。

第十章 审美活动与人的解放

赫伯特·马尔库塞(Herbert Marcuse,1898—1979)是当代德裔美籍哲学家、社会理论家与政治活动家,西方马克思主义的代表人物之一,也是法兰克福学派最为知名的激进成员,被欧美"新左派"运动奉为"思想守护神""精神领袖"。马尔库塞生于柏林的一个有教养的犹太家庭,深受德国文化的熏陶,曾先后跟随著名的哲学家胡塞尔与海德格尔学习,在希特勒上台后流亡至美国,同法兰克福学派社会研究所保持合作关系。20 世纪 50—60 年代,他先后在哥伦比亚大学、哈佛大学、耶鲁大学等学校任教。马尔库塞的理论富有批判精神与理想主义精神,作为一种社会批判理论,目的在于对发达资本主义工业社会的精神文化进行深入剖析,作为一种美学理论,他始终怀有对能够提升人的生活的、乌托邦式的、自由社会的渴望。马尔库塞的主要著述有:《理性与革命》(1941)、《爱欲与文明》(1955)、《苏联的马克思主义》(1958)、《单向度的人》(1964)、《论解放》(1969)、《审美之维》(1978)等。

马尔库塞的美学著述构成了他晚期思想的核心内容,其美学思想落实到实践上,是一种关注个体生存境况、立足感性寻求人的解放的道路,即审美活动中的感性解放。他在《审美之维》中将当代发达资本主义社会判定为同质性社会,对这个社会发展到一定阶段所生产出的,以"认可普遍性的义务"为根本特征的"肯定的文化"(affirmative culture)进行了深刻的反思和批判;同时,他提出要借助文学和艺术,以审美的方式将感性从理性的压抑中解放出来,从而使审美活动成为人的活动的根本维度,最终让人的本质得到复归。

马尔库塞的美学建立在他的人本主义的社会批判哲学的基础之上。他强调：艺术之于现实的否定性、批判性与超越性，为艺术——审美之维——赋予了政治实践的意蕴，认为其蕴含着改造社会的潜能；艺术表现出生命的活力，给人的感官以新的体验，以其内在的形式批判现实、表达理想，进而为人的解放和社会的变革提供了中介与基石。因此，马尔库塞的美学思想具有面向现实的革命题旨和浪漫的审美情怀，同时他也向人展开了一个自由的崭新的生存维度。

之所以将本章归入美育编，是因为整章论述的归旨在于，如何通过艺术将人生从压抑人的现实原则中提升出来，从非人的存在条件中解放出来，从而成为一个审美的人、解放的人、完整的人，成为拥有个体的自由与幸福的人。

一、肯定的文化

马尔库塞所理解的肯定的文化是一个具有强烈批判意味的概念。这一概念对发达资本主义社会人的真实存在状况进行了深入的分析，敏锐地捕捉到了统治人、破坏人之本性的社会结构。他将“肯定的文化”定义为：

> 所谓肯定的文化，是指资产阶级时代按其本身的历程发展到一定阶段所产生的文化。在这个阶段，把作为独立价值王国的心理和精神世界这个优于文明的东西，与文明分隔开来。这种文化的根本特性就是认可普遍性的义务，认可必须无条件肯定的永恒美好和更有价值的世界：这个世界在根本上不同于日常为生存而斗争的实然世界，然而又可以在不改变任何实际情形的条件下，由每个个体的“内心”着手而得以实现。只有在这种文化中，文化的活动和对象才获得那种使它们超越出日常范围的价值。接受它们，便会带来欢快和幸福的行动。①

马尔库塞认为，在古希腊，尤其是在亚里士多德的哲学中，世界被划分为两种：一种是为日常生活提供物质必需品的世界，一种是真、善、美的世界。前者是瞬息即逝的、不安定和不自由的，它摧残人、奴役人，人们不得不为提供生活必

① ［美］马尔库塞：《审美之维》，李小兵译，广西师范大学出版社，2001，第7页。

需品而耗尽一生;后者是一个永恒的理想世界,处于生活的实际条件(劳作、买卖)之外,它蕴含着崇高的真理、高尚的德行与怡人的喜悦,毋宁将其称为"第一哲学"的世界。但是,这个世界似乎只向少数赋闲的精英人士开放,这些精英特别擅长的是关注最高价值的"纯理论"的研究,即以探究最崇高的真理为职业。

在资产阶级时代,古希腊时期两种世界的划分不复存在。表面上是观念的转变,即人们不再认为关注最高价值(真、善、美)并以此为快乐,只是特定阶层所独享的职业。转变的原因实际上是"自由竞争把人放入劳动力的买者与卖者的关系中……再也不会有这样的情形了:某些人生来适于劳作,而另一些人生来就适于闲暇;某些人生来适于从事生活必需品的生产,而另一些人生来适于审美。"①一言以蔽之,在自由竞争的前提下,所有人都会平等地分享真、善、美,因为这些价值与每个人的生产发生联系,哲学判断的真、道德行为的善、艺术作品的美与每一个人的生产发生联系,资产阶级社会中的个人以文化价值而非社会阶级为其归属,并让他们的生活受到文化价值的塑形。

马尔库塞特别分析了"文化"概念,并且将"文化"与"文明"相区分。他认为,"文化"这一概念表明了社会生活的整体性。广义的"文化",既内蕴了社会历史进程中的观念再生产领域的成果,也包括了物质再生产领域的成就;狭义的"文化"是指观念再生产领域的成果。在广义与狭义之外,"文化"还具有一种广泛的用法,是指从特定社会氛围中提取出来的精神世界。它有一种虚假的普遍性,像民族文化、德意志文化中的"文化"就是这一类用法。它由于摆脱了社会过程,因而与代表物质再生产领域,同时象征着功利与手段的"文明"相对立。"文化"的广泛用法,是在特定的历史形式的基础上发展来的,这种文化的特定形式被马尔库塞称为"肯定的文化"。

新兴资产阶级所谓"肯定的文化",从一开始就弥漫着浪漫的梦幻色彩。它被塑造成具有真正价值和自由的王国,是优于"文明"的无目的、非功利的精神世界,它相信人类将朝向一个更美好的未来,然而这个未来又无须改变任何现状,单由每个个体的"内心"就得以实现。正如马尔库塞所言:"肯定的文化在根本上是理想主义的。对孤立的个体需求来说,它反映了普遍的人性;对肉体的痛苦来

① [美]马尔库塞:《审美之维》,李小兵译,广西师范大学出版社,2001,第6页。

说，它反映着灵魂的美；对外在的束缚来说，它反映着内在的自由；对赤裸裸的唯我论来说，它反映着美德王国的义务。"①"肯定的文化"在资产阶级蓬勃兴起的时代具有革命的性质，但它在资产阶级掌握权力且统治开始稳固之后，就沦为资产者阶层压抑、残害与诓骗不满之大众的工具。

由于"肯定文化"不仅为资产阶级既定的生存形式辩护，而且也包含着在这种既定形式中的痛苦记忆，因此"肯定文化"的艺术具有一种形而上的美，"这种艺术把痛苦与忧伤、绝望与孤独提高到形而上力量的水平"②，在这种艺术中展现出"被忘却的真理""正义""乌托邦""幻想""反抗"等③。因为只有在艺术中，资产阶级才会容忍那些在现实生活中被现实主义所战胜的理想，并一本正经地把这些理想作为一种普遍的要求。所谓乌托邦、幻想以及在现实世界中的反抗，在艺术中却是被允许的。

总之，马尔库塞认为，"肯定文化"在发达资本主义时代教诲人们，现成的标准就在工人的生活方式之中，所必需的东西并不是改变这种生活方式，而是赋予这种生活方式以一定的意味。"肯定文化"借助自我陶醉取代了改造。"肯定文化"是一种社会秩序的反映，在这种秩序中，再生产使得人们没有空间和时间去发展那些古人称为"美"的生存领域。这就是为什么艺术的进步和批判的特性，在资本主义发展中并没有转化为革命的力量，而具有了倒退和辩护的特性，理想的实现于是就归之于个体的文化教养。

二、新感性与艺术的解放功能

马尔库塞在《审美之维》中提出，感性是审美和艺术的原初功能，即根基所在。他所说的感性是不同于旧感性的新感性，旧感性是一种丧失其独立性的、被理性所抑制的感性，新感性则从理性的压抑中获得解放，并与理性建立了一种和谐的关系。他对新感性的具体描述为："表现着生命本能，对攻击性和罪恶的超升，它将在社会的范围内，孕育出充满生命的需要，以消除不公正和苦难；它将构

① ［美］马尔库塞：《审美之维》，李小兵译，广西师范大学出版社，2001，第 9 页

② 同上书，第 10 页

③ 同上书，第 24 页。

织‘生活标准’向更高水平的进化。”[①]他指出，构建审美领域的新感性，是通向人的政治实践和人类解放的必由之路。

马尔库塞从康德美学中发现：“审美之维在感性和道德性即人类存在的两极之间，占据着中心地位。”[②]这意味着，审美的维度包含着同时适用于美学王国与道德王国的原则，通过审美活动得到的经验，是感性的而不是概念性的，“感性的本质是‘接受性’，即一种由外界对象刺激后的认知”[③]。马尔库塞接着强调了审美功用借助于想象力得以实现，想象力虽然是感性的因而也是被动的，但它却具有创造性。在他看来，审美知觉作为想象力，既是感性的又不完全是感性的。之所以称其为感性的，是因为审美知觉是一种主观感受，但这种主观感受却具有普遍适用性，例如人们几乎都能感受到鲜花的美丽，进而在审美上达成一致。

可以说，马尔库塞正是在康德美学的基础上，将审美功用作为其批判理论的中心课题，通过审美来展示一种非压抑的文明原则，在此原则中感性与理性具有内在的统一性。审美之维既是感性和理智的中介，又是自由和自然得以结合的中介。这个双重中介之所以必要，是因为随着文明的进步，人的感性能力逐渐置于理性统治之下，理性为了满足社会需求，对它进行压抑性作用。审美在感性和理性之间进行哲学调解的努力，表现为去调和被现实原则撕裂的人类实存的领域。故审美的调和，意味着加强感性以反对理性的专制，而且从根本上说，甚至是感性从理性的压抑统治中解放出来。

马尔库塞所提倡的新感性既具有审美之维下的反对理性专制的哲学属性，也体现了第二次世界大战与越南战争之后人们反对暴行和压迫的现实诉求，因此它从根本上奋力追求一种新的生活方式，奋力于在狱中建立消除贫困和劳苦的新社会、新天地。因此，新感性是为社会变革的前提与归宿，而想象力在新感性反抗压抑人的理性的过程中成为一股指导力量：它使现实成为一件艺术品。这意味着，艺术也改变了它传统的地位和功用，在文化上和物质上都成了一种生产力，成了塑造现实、生活方式与“现象”的整合因素。这样一来，艺术也完成了

---

① ［美］马尔库塞：《审美之维》，李小兵译，广西师范大学出版社，2001，第98页。

② 同上书，第45页。

③ 同上。

对自身的扬弃，它将审美的天地变成一个生活世界，也重新回归到它原初的"技术"内蕴，成为重建现实的一门"技术"，其使命在于给予事物以"形式"。"形式"是艺术感受的结果，能够变革人们习以为常的生活体系，改变我们对对象的感觉。

马尔库塞特别谈到俄国的形式主义，屡次引述什克罗夫斯基的《俄国形式主义文论选》，重温了俄国形式主义提出的，艺术以其自身为目的、形式就是内容、形式就是否定、艺术形式具有超越现实的属性等观点，并将其引入对当代艺术的思考。

> 当代艺术中，这种重构的激进形式或"暴乱"，似乎向人们揭示出，当代艺术并不反对这种风格或那种风格，而是反对"风格"本身……反对艺术的传统"含义"。①

马尔库塞以第一次世界大战期间当代艺术对欧洲艺术幻象的反抗为例，指出由于艺术曾一度成为一种幻象，展现的是虚幻的世界。虚幻艺术与现存观念无疑是耦合的，它将现存的观念融入自己的表现形式中。当代艺术（新艺术）宣告自己是"反艺术"，反叛的本质是打碎幻觉、传达真理。"反艺术"反对人们熟悉的形式，如对句法的破坏、对音乐形式的颠覆。但这些反形式的作品依然是以某种形式呈现的，故而"反艺术"仍然是艺术，仍然是绘画、雕塑、音乐、诗歌，它的反抗也总是一种短命的冲击。

可见，艺术的反抗，类似于心理治疗中的宣泄，它虽能把握无序、狂乱与苦难，可以起诉现实中的苦难与罪恶，但是当它将这些内容交付审美秩序、法则，即以某种艺术形式呈现出来时，起诉的力量被消解了，苦难与罪恶被升华了，艺术同现实形成和解。

马尔库塞从总体上对资产阶级文化持否定态度，认为新的生活方式的建立有赖于从资产阶级文化中解放出来，但他所谓资产阶级文化其实具有两个维度：

一是可操作的价值体系、实用性原则与教育机构。例如，马克斯·韦伯在

---

① ［美］马尔库塞：《审美之维》，李小兵译，广西师范大学出版社，2001，第112页。

《新教伦理与资本主义精神》中指出，在资本主义精神中有一种来自新教教义的天职观，将履行尘世事务看作个人道德活动的最高形式，是博爱的外在表现，甚至是唯一能够令上帝满意的生活方式。① 作为宗教改革成果的天职观便属于资产阶级的价值体系中的重要内容，它为资产阶级追求超过自身需要之物质利益的世俗活动进行了道德上的辩护，或者说它给予了世俗生活较之修道院中的禁欲生活更为积极的评价。因此，在资本主义社会中，一个人会认为上帝的旨意就是让他履行神意指派给他的特定的职责，且无论从事什么职业均可得救。

二是具有精神超越内核的高级价值，包括自然科学、人文科学、艺术和宗教。马尔库塞认为，在垄断资本主义时期，资产阶级文化的这两个维度之间是充满张力的，或可看成资产阶级文化自身的分崩离析。前者是占统治地位的文化，专注于金钱、商业，具有功利的目标与集权制的教育，积聚着对人性的压抑。而后者从本质上是理想主义的，因此它鄙夷、拒斥前者，探索着解放的可能，或升华着被压抑的力量。艺术作为这样一种高级文化，它在一定程度上与现实社会分隔开来，让自己从资产阶级的商业文化、扭曲的人际关系中挣脱出来，创作出自我充实的审美王国，成为现实的“他者”、非现实的世界，并且尽管是幻象，却能够对既定的现实世界进行否定，揭示出人类生存的事实与可能性。

根据弗洛伊德的精神分析理论，人生来便受快乐原则的驱动，追求各种各样的需要、制订获得幸福的计划，而现实文明不允许个人无条件地或不加限制地实施这种追求与计划，这就形成了现实原则与快乐原则的对立，即感性与理性的对立。现代社会的情形是，快乐原则受到现实原则的压抑，感性本能受到了文明社会的压抑。在马尔库塞看来，处于现代文明社会中的人们要想获得满足，就必须摆脱这种压抑性的现实原则的支配，征服和废除理性统治的异化，而审美王国中的艺术恰好代表了人类真正的本能与需求，因此具有革命性和解放功能的政治意义。艺术家创造了一个与日常现实有着本质区别的世界，即想象和幻想的世界，作为虚构的世界却展现了较之日常现实更多的真实。因为日常现实往往把社会关系神秘化，把偶然当成必然，把异化当成人的自我实现方式。而这一切只有在艺术的想象与虚构中才能够被打破，艺术无情地揭去罩在现实关系上的一

---

① ［德］马克斯·韦伯：《新教伦理与资本主义精神》，阎克文译，上海人民出版社，2017，第241-243页。

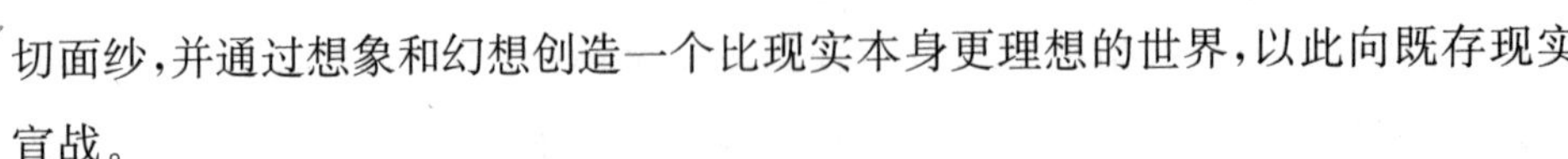

切面纱，并通过想象和幻想创造一个比现实本身更理想的世界，以此向既存现实宣战。

关于艺术解放的功能，马尔库塞进行了以下论述：首先，艺术忠实于理念，疏远于现实，它用自身的语言和图像，即特定的艺术形式，传递激进信息、表现革命。其次，艺术具有审美的超越性，在艺术媒介的作用下，人们从日常生活中抽离出来，将现存的世界打破。他以卡夫卡的小说为例，说明艺术作品反抗、超越现实的功能。最后，艺术与现实中的革命可以携起手来，但艺术对现实的介入，是通过把政治目标转化为一种新的审美形式来实现的，艺术并不能直接成为革命实践。

从马尔库塞对资产阶级文化的两个维度的区分以及对艺术的解放功能的剖析可以看出，他并不赞成艺术是对现实的摹写，也不同意艺术服务于特定的阶级。反之，他强调，艺术具有特定的自由，这种自由并非革命的自由，而是指在其实践中可以进行审美颠覆，在艺术自律的王国中，借助某种全新的审美形式，传递解放变革、超越现实的可能性。在这个意义上，艺术是对现实的否定与批判，艺术的审美形式揭示出现实中人们受到的禁锢和压抑，艺术虽然不能直接变革现实，但是它能够以否定现存现实的审美形式，即与事物的现存状态决裂的姿态，释放出革命的潜能。

三、通过审美回归人自身

审美不只是作为社会批判的重要手段，从生存论的角度，审美是人的活动的根本维度，“作为人的本体性维度的‘审美’活动并非局限于狭隘的文学、艺术领域的活动，它贯穿在人的一切活动之中，是人的活动成为人的活动的根本保证”①。换言之，当人与世界可以达到一种美的交互，从动物界分离出来的人才得以存在，并使人的本质得以确证；与此同时，世界也才能成为人的世界、完整的世界。

马克思在《关于费尔巴哈的提纲》中将人看成从事着现实的、感性活动的存

① 王国有：《哲学反思的审美之维》，黑龙江人民出版社，2001，第30页。

在，人从其现实性上是一切社会关系的总和。他在《1844年经济学哲学手稿》中指出，人的实践与动物的活动的根本区别在于："动物只是按照它所属的那个种的尺度和需要来构造，而人却懂得按照任何一个种的尺度来进行生产，并且懂得怎样处处都把固有的尺度运用于对象；因此，人也按照美的规律来构造。"①可见，在马克思看来，是否能够超越自身固有的尺度并且"按照美的规律来构造"是人与动物相区分的重要依据。

值得注意的是，这里的"美"，并不是本体论上的实体之美，即本书第一章讨论过的柏拉图的美本身，也不是认识论上的感觉之美，而是让人与物能够相互通达的审美状态或活动。"美即自在自为，即给定性维度与超越性维度内在同一的生存境界。"②也就是说，只有自在自为地存在，给定性与超越性内在同一的存在才是美的存在。一方面，人是自在的，它不能脱离自然性、给定性；另一方面，人是自为的，它不单单依附对象，而且可以超越对象、创造对象。如果人只有自然性和给定性，那么人只能沦落为一般的动物；如果人只有自为性和超越性，就把人拔高为"上帝"。只有在自在、自为的"美"的境界中，人的生存才是美的生存，人的自在性和自为性才能实现内在的同一。也只有如此，人的自在性是带有超越性的自在性，在审美活动中，人不仅仅是认识对象、依附对象，而且能够超越对象、展开无限的遐想，并进一步融人对象与其合为一体；人的自为性也是带有给定性的自为性，人不可能凭空假设对象，人若要创造对象，必须依赖于对象。人虽然具有超越性，但不能使对象消逝在自我之中，只有在人的自我规定中，对象的规定才能展现出来。

审美活动作为人的自由自觉的活动，使人把自己和自然物区别开来，摆脱了自身的物化、异己化倾向，在对象中确证了人自身的存在。审美活动是使人与物达到相互通达的生存状态。一方面，人通过物进行创造，物是人认识中的物，人的本质通过对物的创造来确证；另一方面，物通过人的认识和创造证明其自身的存在，并通过人对其创造来创造和完善自身。在审美活动中，这两个方面是必不可少的，人的存在是人的自在自为的、超越性与给定性内在同一的、现实的审美

---

① ［德］马克思：《1844年经济学哲学手稿》，人民出版社，1985，第54页。

② 王国有：《哲学反思的审美之维》，黑龙江人民出版社，2001，第15页。

活动中不断展开的。

尽管马尔库塞发现，在发达资本主义社会中，艺术也在某种程度上走向异化，它通过特定的对象的创造，并且与现代大众传播媒介相结合，成为对现存秩序进行辩护、使现实变得可以容忍的商品。但他还是坚持艺术具有政治解放的功能，并指出这种功能源于艺术自身的审美形式，因为艺术作品能够“借助审美的形式变换……表现出一种普遍的不自由和反抗的力量，去挣脱神化了（或僵化了）的社会现实，去打开变革（解放）的广阔视野”①。有学者认为，马尔库塞这一理论的缺陷在于，他把艺术对于现实原则的超越和变革加以绝对化、永恒化，并且把艺术和审美大概拟作超越和变革现实的唯一手段，从而把艺术有限的作用扩大化并凌驾于政治经济之上。② 也就是说，一旦把美和艺术作为人最终解放、获得自由的唯一途径，就赋予了美和艺术自身不能承受，更不能担任的职责。这是因为个体在工业社会中的分裂只能在现实的土壤里重新获得统一，而不是在艺术幻想的领域中获得救赎。

马尔库塞关于艺术解放的美学观点充满了浪漫主义色彩。他所理解的关于人的审美解放，实际上是在丝毫未触及资本主义制度的前提下，在审美的幻象中完成的，是在对现存社会的否定与控诉中取得的。他对资本主义社会现实的揭露与升华，对技术理性的批判，以及对人获得解放前景的刻画，则更趋向于诗性的遐想。这种浪漫主义还体现在，他所强调的艺术的解放功能，奠基于艺术的审美形式，“一件艺术作品的真诚或真实与否，并不取决于它的内容（即是否‘正确地’表现了社会环境），也不取决于它的纯粹形式，而是取决于它业已成为形式的内容”③。在他看来，正是艺术的审美形式构成了艺术的自律性，审美形式将艺术从既定的现实中摆脱出来，使其能够传递超历史的真理以及对现存现实的控诉，艺术并不能改变世界，它所致力于改变的是人们的思想意识，重塑人们的主体性，开启人们认识事物的全新视野。

在马尔库塞的《审美之维》中，他对艺术赋予了推动社会变革、解放人本身的

---

① ［美］马尔库塞：《审美之维》，李小兵译，广西师范大学出版社，2001，第 190 页。

② 马驰：《新马克思主义文论》，山东教育出版社，1998，第 217 页。

③ ［美］马尔库塞：《审美之维》，李小兵译，广西师范大学出版社，2001，第 196 页。

光荣使命，对人的前途和未来满怀希望，相信人能够在这一沉沦的世界中通过美和艺术的升华进行自我救赎。因此，他注重美和艺术“介入现实”的功能，这无疑具有一定的合理性与积极意义。他也强调个体的意识与潜意识的力量，审美活动是包含了人的理智、情感与想象的主体性活动，在这种具有否定性与反抗性的活动中，人摆脱了自身的异化倾向，在对象中确证了人自身的存在，在审美中改变了肯定性的思维。我们从中不仅看到审美活动在社会政治领域中的批判潜能，而且也体悟到审美活动对于人的主体性的重塑与提升。

第十一章　美育视角下的影视与文学

以下各节将要从美育的视角来解读电影、短视频与文学作品。笔者认为，对这些作品的内容进行深入的剖析，可以帮助我们识别艺术家使用了何种特殊的方式且造成了何种特定的效果，增强我们破解艺术密码的素养，提升审美鉴赏力与艺术理解力。

一、和解的距离——《千里走单骑》中的中介问题

张艺谋的电影《千里走单骑》（2005 年上映）表面上以父子间的和解为主题，讲述了中日两种文化背景下的两对不同寻常的父子，从隔膜、疏离、怨怼，走向原谅、和解、释怀的故事，深入探讨了亲人之间或陌生人之间普遍存在的沟通问题，更是凸显了人与人交往过程中如何通过中介消弭误解与疏离的问题，即从疏离走向和解，所依凭的不只是直接的面对面沟通的方式——言语中介，还可通过其他间接的方式——非言语中介。影片多种“中介”的作用主要体现在父亲与儿子的和解、外来者与当地人的沟通，以及个体对自我的认知上。在这部电影中，非言语中介具有普遍性且占据主导地位，而在以西方文化为背景的电影中，占据主导地位的则是言语中介，如皮克斯《寻梦环游记》（2017 年上映）里的“和解”最终通过亲人面对面的沟通而达成。

直抵心灵的沟通似乎永远是成问题的。柏拉图在《斐德若篇》借埃及国王拒绝文字的故事，质疑了文字在医治教育、记忆上的必要性，以及它在思想传播中的准确性问题。2 000 多年后，德里达写下《柏拉图的药》，解构了柏拉图以降的“逻各斯中心主义”（又称“语音中心主义”），极大地破除了言语作为沟通思想之

中介的权威性。形而上学家固然可以站在维护真理的立场，大胆地拒斥言语，抑或反其道而行之，拒斥文字，然而对于现实生活中发生了误解的人们而言，一张便条、一段视频、一个电话、一则留言……无论是言语的方式还是非言语方式，都是弥足珍贵的，它们互为补充，在和解的路途上皆不可或缺。

本章将从当代西方最具有影响力的思想家、法兰克福学派“批判理论”的第二代中坚人物尤根·哈贝马斯（Jürgen Habermas，1929—）在其《后形而上学思想》中对言语行为和非言语行为的区分入手，重访张艺谋的电影《千里走单骑》，旨在分析影片中精心构筑的中介符号之多重表征和文化意涵。

（一）无处不在的中介

一是作为中介的面具。沉默、内向的高田先生（高仓健饰）与儿子高田健一（中井贵一饰）已断绝关系多年，儿子突然患病住进医院，却由于前尘往事，拒绝见已经站在病房门口的父亲。为了安慰失落的高田先生，儿媳将丈夫高田健一在中国拍摄的关于“面具文化”的电视片亲手交给了公公。面具在影片中是一个具有隐喻义的中介符号：一方面，面具将人的面孔隐藏其后，将人内心的情感世界与外部世界隔离开，戴上它之后，人就成了自己所扮演的角色；另一方面，戴上面具的人，表面上被遮蔽了容貌、表情，但是戴上它之后，表演者通过声音、姿势所传递出的情感，却更加真实动人。

无独有偶，冯小刚在《夜宴》（2006年上映）中也使用了面具元素，其中有句台词极好地诠释了面具之于表演的价值：戴面具的表演是最高境界的表演，不戴面具，喜怒哀乐简单地写在演员的脸上，戴上面具，伟大的艺术家，能够让人从没有生命的面具上感觉到最复杂、最隐秘的情感。而在影片《千里走单骑》中，面具的深层意涵，由儿子给父亲的信揭开：“隐藏在面具下的真正的面孔就是我自己，欢笑的背后，我在咬牙忍耐着，悲愤起舞的同时，我却在伤心流泪，这就是我心里的感受。其实，某一个唱段对我一点都不重要，重要的是人与人之间，应该要卸下面具。”儿子对父亲的这番告白无疑点出这部电影的主旨：卸下面具，人与人赤诚相见。即便面具能够让表演更加生动且引人遐想，但是人与人心灵的沟通，最终追求的还是卸下面具、坦诚相见。因此，面具在影片中具有复杂的双重意涵，它在表演中是释放演员情感的关键道具，但在生活中却是将人与人隔离开的

重要障碍。

二是作为中介的“千里走单骑”。“千里走单骑”原本是对《三国演义》描述关公的一段经典情节的概括和浓缩，在中国文化中，这句话常用来形容一种舍生取义的品行，在影片里则用来隐喻高田来中国拍摄的重重困难，以及他无法直面儿子的矛盾心境。高田先生在儿媳交给他的电视片里，注意到健一向当地村民许诺，转年还要再到云南来，专程来听李加民（李加明饰）唱的经典剧目《千里走单骑》。紧接着他听闻儿子已是肝癌晚期，遂决定只身前往云南替儿子达成这一心愿，踏上了他自己的“千里走单骑”，其隐喻义恰恰在此处彰显。影片中的父子自始至终都未见面，两人之间的沟通全部通过间接的方式达成，其中儿媳的电话转述，成了传递信息和推动情节的重要中介。父亲在异国他乡克服重重困难，拼尽全力帮儿子达成心愿的过程，也是父亲通过另一对父子的故事直面内心，完成自我救赎的过程。因此，作为父子俩关系重建之必要中介的“千里走单骑”具有两重内涵，它既是父亲要拍摄的内容，也是他来中国的拍摄过程，两者完美地统一在了一起。

三是作为中介的摄像机与锦旗。摄像机与锦旗是高田来中国使用的一组道具，前者是高田将自己的内心世界和盘托出的中介物，后者是他想用中国人的方式表达感谢的中介物。只身来到中国的高田先生，所面临的最大问题便是语言不通，然而语言不通却恰巧成了他敞开心扉的助推力。影片中，他请了一位导游兼翻译蒋雯、一位当地向导邱林，却在丽江被告知李加民由于酒后伤人蹲了监狱，拍摄任务的困难瞬间升级了，现实使他必须作出选择：找其他人取代李加民拍摄《千里走单骑》或是找到李加民在监狱里拍摄《千里走单骑》。由于傩戏原本就是要戴着面具演唱的剧种，因此找替身是较为容易的一种解决方案，但是高田坚持只拍摄李加民，这个决定让接待他的翻译感到困难重重，因为带外宾去监狱里拍摄，这在当地是异常麻烦的一件事情。几经周折，高田坐在摄像机前，完整记录下了自己的一段告白，清楚地解释了为何一定要拍李加民，并通过锦旗向外事侨务办的李主任表达了真诚的谢意。他先是请蒋雯将告白的内容翻译成中文传真过来，再请邱林在播放录像时念出，这是一个有些怪异和烦琐的过程，即不断导入中介（图像、文字、声音）的过程，当中杂糅的感情却是超越语言的。它用不精确的翻译，将信息精准地层层传递出来，具有打动人心的力量。

高田先生面对摄像机时表白的这段视频，是影片前半部分的一个高潮。性格内敛的高田在镜头面前直言，也许将李加民唱的《千里走单骑》拍摄下来是他唯一能为儿子做的事，这番话他未向人当面吐露，在短片中却讲得情真意切、涕泪横流，老人的泪是在双手举着的锦旗后面流的，放下锦旗我们只能看到他擦眼泪的动作，这个细节耐人寻味。在这个片段里，高田长期压抑克制的情感得到短暂的释放，他的恳求既真挚而内敛，他既想要打动人，又不情愿将自己脆弱的一面完全暴露，锦旗上面写着"谢谢"，在这句全世界通用的礼貌语背后是他的不安和焦灼。在语言不通的环境中，用摄像机拍摄告白，虽然是不得已的选择，但也是一种非常聪明的选择。因为他在摄像机面前，真正地卸下了心防，将自己的感情和盘托出，即便他心里清楚，视频最终还是要被人"看"的，但是显然他这样做所需要的勇气，要小于他当面向人讲出这番话所需要的勇气；抑或身处异乡，面对不了解、不认识自己的陌生人，他才能够放松地、毫无顾忌地将自己内心的愿望表达出来。总之，这个情节让人对于高田的印象大为改观，一个桀骜不驯、顽固执拗的日本老头，变身成邻居家的最为普通又朴素，只是希望能为儿子再做一点事儿的年迈老人。因此，作为中介的摄像机和锦旗，在高田异国身份的淡化上，在他情感的刻画上，起到了关键作用。

四是作为中介的父与子。高田如愿见到了正在监狱里服刑的李加民，为他扮好了关公的行头、戴上面具、伴奏声也响起，但是李加民却因刚刚得知自己的私生子的母亲亡故，孩子无亲人照料，心情极度悲伤，无法再唱《千里走单骑》，拍摄的任务更加困难了。不论李加民真的是由于过度悲伤而不能表演，还是他想利用难得的机会见一见素未谋面的儿子，他情绪的大爆发，让高田在错愕之余，萌发了接李加民的儿子去监狱里探视的想法，于是由高田先生牵线搭桥的另一个关于中国父子的故事悄然展开，李加民想要见儿子的情节，将影片故事由单线叙事分裂为双线交叉叙事，原本只是高田先生为了完成儿子心愿的"千里走单骑"，变成了既要完成儿子心愿又要完成李加民心愿的"千里走单骑"，这两件事对于高田先生而言同样重要，在这番波折中两对父子互为中介、相互成全。

影片中父子间的和解是间接完成的，高田通过李加民的儿子杨杨，体会到自己儿子的心情，李加民通过高田带回来的照片，了解到儿子杨杨的现状。当高田知晓李加民的儿子杨杨并不愿意去见父亲时，他决定放弃带孩子去监狱探视。虽然他经历了重重困难，眼看着心愿就要达成，但是他放弃得毫不犹豫，一方面这符合他的初衷，他不愿违背自己的真心，因此也异常尊重他人的真心，另一方面拍摄“千里走单骑”已经不是非做不可的事，在石头村他通过儿媳的电话得知，健一认为拍摄“千里走单骑”只是随口的客气话，而父亲的这趟中国之行是一件无可替代的礼物。高田在与翻译蒋雯的通话中，在与向导邱林的交往中，在石头村的村民专门为他摆的一眼望不到头的宴席中，在跟杨杨的一夜独处中，在兜兜转转的山路上，他感受到很久没有体会过的温暖情谊，这一场“千里走单骑”让健一了解了父亲对他无言的爱，也让父亲体会到儿子多年来心中的孤独与伤痛。这是影片中最为独特的地方：父与子的和解、亲情的勾连与重建，是通过间接的方式达成的，在父亲为了儿子所展开的一系列行动中，难解的心结逐步松动、打开。

五是作为哨子的中介。哨子微小、不起眼，但是在危难时却可以用来发出求救信号，只要发出信号就有希望获得救援。当别人都认为高田的当务之急是尽快带杨杨去监狱里探视，然后顺利拍摄李加民的表演时，高田关心的却是孩子究竟愿不愿意去见他的亲生父亲，他内心隐隐觉得这个孩子或许并不想见到他的父亲，就像自己的儿子健一也不想见到自己一样。在带杨杨回城的路上，他多次举起手中的相机为孩子拍下照片，用自己当父亲的心情，体会着李加民想见儿子的心情。然而在路途中，杨杨趁车子停下来修理的间隙跑掉了，高田先生紧追着他，很长时间都紧紧跟在这个孩子的后面绕山而行，他甚至感到，自己在山路中追杨杨就像在人生路途中追健一，然后两个人在交错的山路中迷失了方向，就像在现实生活中高田和儿子迷失了彼此。

哨子在沉默的时候出现，它的出现意味着隔阂的打破。二人在山中等待人来救援时，高田吹响了随身带的哨子，待他疲累时，杨杨拿过哨子试着吹响，于是他们二人之间便有了交流，由陌生到喜欢上彼此，哨子开启的是一种患难与共的情谊。高田经过与杨杨的一夜相处，更深切地体会到儿子健一多年来同自己无形的隔阂。于是他在获救后再次跟杨杨确认是否想见他的父亲。孩子的意愿，于旁人而言是最不重要的，在他看来，因为杨杨的意愿就像当初健一的意愿，没有做好心理准备见父亲的杨杨，就像在医院里拒绝见父亲的健一。高田临别时紧紧地抱住杨杨，仿佛是在无言地叮嘱，车子在恋恋不舍的气氛中开动，车轮扬起尘土，杨杨追在车后并且吹响了他们在救生时用的哨子，高田探出车窗向杨杨挥手，观众泪目。哨子只能发出单一的音色，许许多多难以言表的话却可浓缩其中，简单又短暂的相处之所以能建立深厚的情谊，是因为相互间的理解，而理解则通过哨子达成。

影片当中几乎无处不在的“中介”，有物件——面具、哨子、摄像机、锦旗，有人物——父亲、儿子、翻译和向导，还有作为隐喻的俗语——“千里走单骑”。这些“中介”的作用主要体现在三个方面：父亲与儿子的和解、外来者与当地人的沟通，以及个体对自我的认知。它们的意义在于，当面对面的沟通由于语言障碍或者情感障碍无法达成时，非语言中介可以出场来救急，甚至能起到主导作用，往往是它们不经意地出场，让被隔离的双方有了连接的渠道，有了缓冲的时间和反思的机会。所以影片里非语言中介的作用不容小觑。

（二）借助中介的和解

通过《千里走单骑》这部电影可以发现，无处不在的中介——行动、物品、言语，让人与人之间的距离拉近，也让父亲与儿子之间的怨恨消除，走向和解。我们不禁要问，这中介又是如何在我们的交往过程中发挥作用的呢？哈贝马斯在其专著《后形而上学思想》的第四章《论行为、言语行为、以语言为中介的互动以及生活世界》中对“行为”与“语言行为”进行了细致的区分：

> 狭义上的行为，比如简单的非言语活动，在我看来是一种目的行为(zwecktätigkeit)，借助这种行为，行为者进入世界，目的是要通过选择和使用恰当的手段来实现预定的目标。而所谓语言表达行为，我认为言说者是用它来和其他人就世界中的事物达成共识的。①

① ［德］于尔根·哈贝马斯:《后形而上学思想》，曹卫东、付德根译，译林出版社，2012，第53页。

简言之，作为中介的行为——非言语活动，是行为者通过某种手段来实现预定目标的行为，而作为中介的言语行为，则是行为者通过言语或者语言活动与其他人达成共识的行为。在哈贝马斯看来，从观察者的角度，我们无法确切断定非言语行为的意图，而言语行为则可以让人领会行为者的意图，并且行为者可以通过言语行为，将自己的所作所为言说出来。哈贝马斯强调，言语行为发挥自我阐释作用的前提是，言说者与他的听众必须说同样的语言，处身于一个由语言共同体所确立并且具有主体间性结构的生活世界里。

按照这一区分，张艺谋的《千里走单骑》里的中介，既有非言语中介，也有言语中介，作为两种沟通中介，在影片情节的展开中自然地交汇、融合，其中非言语中介的作用更为突出。高田先生作为影片主角，即主要的行为发出者，他的言语行为在翻译的支持下获得意义与接受，他的非言语行为，直接地被影片中的异乡人所接受，尽管他们并非生活在一个由语言共同体所确立的、具有主体间性结构的生活世界当中。因此，与哈贝马斯的理论刚好颠倒过来，非言语行为比言语行为有着更广泛的适用范围，它不仅能够帮助行为发出者实现预定目标，还能够在没有言语行为的参与下同其他人形成共识。当然，这并不是说言语行为是无效的，在大多数情况下，非言语行为沟通作用的发挥，需要由具有阐释力的言语行为作为支撑。但是，它同样可以独当一面，在没有言语作为辅助手段的极端情况下，它也能够抵达人物情感的最深处。

影片中有很多段对话是沉默的，但沉默的对话或者可以理解为一种别样的诉说。高田在返回监狱的途中接到儿媳的电话，被告知儿子已经故去，并且原谅了父亲，高田尽力敛住悲伤，在电话的一端默默听着媳妇给他读故去儿子的信，信的末尾儿子说让父亲快些回来，他想用真正的面孔跟父亲说话。高田终于明白，儿子最期待的还是能够与父亲进行面对面的交流。影片末尾，当高田将杨扬的照片带给李加民，李加民感动之余，执意为高田演了一回《千里走单骑》，高田自然是听不明白戏文，但是他懂得“千里走单骑”的寓意，也领悟到自己这一趟中国之行的意义，遗憾与悲恸在观看傩戏的过程中逐渐平复、释然。

可以说，这部电影最特别的地方在于，面对面的、说同样语言且身处同一语言共同体中的沟通方式几乎是缺席的，言说者与他的听众多数情况下，借助翻译或道具来完成沟通。这既说明生活当中理想沟通方式的缺席，又说明非语言或非言语的沟通，也有可能抵达人们情感深处。它们在影片中主要表现在以下几处：其一，高田先生与儿子自始至终没有见面，儿子在医院里的情况都由儿媳转达给高田，儿子健一在中国拍摄时的情况则由翻译蒋雯和邱林转述，而高田在中国的情况全都由儿媳转达；其二，影片中的第二对父子——李加民与儿子杨杨也从未谋面，而高田充当了二人之间的中介，高田代李加民去见他的儿子，并且带回了杨杨的照片；其三，高田完全不懂中文，即便有蒋雯做他的翻译，邱林做他的向导，在语言层面他还是无法完整地表达自己。然而高田与当地办事人、村民之间的沟通之所以较为顺畅，困难重重的拍摄任务之所以最终能顺利完成，是因为他的意图——为身患绝症的儿子了却心愿，也是普通中国人所能理解的人之常情。

我们不禁要问，“和解”真的需要绕这么一大圈才能够达成吗？看上去通过言语中介的面对面的沟通似乎更为容易些，它简单直接，沟通的成本最低。可是高田宁可用拍摄视频再加转译的方式去向陌生人寻求帮助，却始终对自己亲生的儿子张不开口，一个电话、一句问候也不曾有，即便人已经到了医院，可当他在病房外听到儿子拒绝见面的话后便转身离开。为什么在陌生人那里可以抹开的面子，在亲生的儿子面前却不行，因为害怕遭到拒绝吗？还是害怕失去作为父亲的尊严？

高田是个性格特别内敛的人，不仅寡言少语，就连面部表情也非常少，但这并不是说他没有感情，内心麻木，而是他无法将自己的内心完全敞开。当他看到李加民因为思念儿子涕泪横流时，电影的旁白是：我真的很羡慕李加民，他可以毫无顾虑地大声哭泣，当众喊出自己的心里话，这也是一种幸福。如果能有这样的勇气，我和健一之间也不会如此了。当他见到李加民的儿子，在相处的过程中，他不断地想起自己的儿子健一，甚至将他与儿子想象中的和解，代入同杨杨真实的接触中去，临别时的一个拥抱更是将他细腻的情感推至高潮，让观者一下子恍然，这并不是一个冷漠的不懂得爱与关爱的人，而是将这一切都深深地压在了心底不轻易流露，只有当他孤身一人时，才会轻轻地释放出来。这种父爱，的确是舍近求远的，它脆弱到必须依靠非言语“中介”才能够呈现，它柔嫩到必须以

他者为屏障方能示人。

张艺谋《千里走单骑》所呈现的父子情，是一种具有鲜明的东方伦理特质的情感，片中的父子关系带有某种距离感。他们之间看不见的距离，似有重山阻隔的心理距离，让父子关系的弥合难上加难。父亲对儿子的爱深深埋藏在心底，他可以有爱的行动，但难以有爱的言说，这与现代西方朋友式的父子亲情迥然不同。导演镜头里的两对父子，日本的高田父子与中国的李加民父子，在他们的关系从疏离走向和解的过程中，各种物的"中介"、人的"中介"、行动的"中介"和来自他人转述的言语的"中介"，均起到举足轻重的作用。这些中介的间接性是相对于面对面沟通的直接性而言的。另外，这两对父子关系的走向交叉进行，高田与儿子的和解，以拍摄李加民版的《千里走单骑》为契机，而李加民与儿子关系的建立，以高田拍摄孩子照片为前提，这种间接性替代了直接的诉说。值得注意的是，和解不仅是人与他人关系的弥合，还包括人与自身的和解，高田是在与杨杨相处的过程中，更加体会到自己对儿子的深情，也理解了儿子对父亲抗拒的姿态，其中有恨亦有爱。正是在这种间接性的对接中，他变得柔软、真实。

（三）另一种"和解"方式

探讨了张艺谋《千里走单骑》山路十八弯般的东方式"和解"方式，我们再来看看皮克斯 2017 年出品的《寻梦环游记》中的"和解"。

《寻梦环游记》讲述的也是一个亲人之间消除误会、隔阂的故事。故事背景设置在一座墨西哥小镇，具有音乐天赋的米格尔出生在一个制鞋世家，然而他整个家族视音乐为洪水猛兽，原因是米尔曾祖母的爸爸曾经为了追寻自己的音乐梦想而抛弃家庭，一去不复返。于是原本热爱音乐的曾祖母（名字叫 Coco）的妈妈立下誓言，再也不碰音乐，而专心从事制鞋的工作，似乎想以脚踏实地的工作来嘲讽丈夫虚无缥缈的音乐梦想。

米格尔追求音乐梦的行动，让他成了消泯祖先恩怨、家庭隔阂的"中介"，而这一"中介"身份同时成就了他的音乐梦想。米格尔最初同以祖母为代表的亲人进行激烈的抗争，为了获得歌唱的机会不惜离家出走，然后误入了亡灵世界，他自然而然成了沟通亡者世界与生者世界的中介。在这个世界中，米格尔遇到了曾祖母的爸爸，原来他并非有意抛下 Coco 和她的妈妈，而是在他意欲返家之时，被虚伪狡诈的歌神毒害丧命，Coco 的音容他常怀于心，并且对自己离家的选择深感懊悔。这个被死亡掩盖的真相因为有了米格尔的介入而大白于天下，最终 Coco 的妈妈还有生者世界中的家人都原谅了 Coco 的爸爸，同时家族对音乐的诅咒与仇恨烟消云散，米格尔的音乐梦想也得到了整个家族的支持。

这部电影里亲人之间的和解，中介米格尔发挥了巨大作用。但是与《千里走单骑》有所不同的是，作为中介的米格尔，所起的作用只是让 Coco 的妈妈与爸爸再次相见，而二人最终的和解还是通过直接的交谈、唱歌还有共舞的方式达成的。这种方式的“和解”，可以称为直接性的“和解”，即“和解”主要依靠的是面对面的言语行为，非言语行为只是辅助形式。这部成人童话恰好折射出，在西方文化熏染下的导演所具有的根深蒂固的想法：有效的“和解”须得借助面对面的方式，生者来到死者的世界与故去的亲人在亡灵世界再次聚首，这些看似天马行空的想象，其实都是在为主人公面对面的言说与沟通创造条件，打破生与死的界限，只是为了让家族遗憾得以面对面的消除。与此相反，张艺谋导演似乎有意在人物的和解中留有遗憾，在遗憾中让人体会更深刻的情感，引人反思“亲而不亲”的父子关系，让人体会到“不亲而亲”的东方式表达。

不论是“有话直说”的“和解”方式，还是“沉默不语”的“和解”方式，最终目的都是打开彼此的心结，它们之间存在一种“补充”的逻辑或者“补充”的机制，诸如直接与间接、物与人、爱与恨、行动与言语等，其中的一项均是先而有之，第二项继而出现，成为第一项的补充和辅助。在“和解”这件事情上，言语与非言语这一貌似二元对立的方式，其实早已是我中有你、你中有我，只是在不同的文化中它们的地位与角色各不相同，然而它们都向人演示：感情的沟通与和解皆是因为“中介”方成为可能。

二、从《愚公移山》到《流浪地球》——亘古不变的家国情怀

2019 年春节贺岁档的最大赢家恐怕要数《流浪地球》。且不论从刘慈欣小说到郭帆同名电影的改编是否成功，单凭借其不落俗套的拯救地球、寻找新家园的方式——带着地球去流浪，其中折射出的中国人独特的家国情怀，在众多科幻奇观中也足以脱颖而出。

在《流浪地球》上映之前，灾难类型的科幻电影在呈现人类濒临绝境时的选择时，大都遵循“留得青山在，不怕没柴烧”的逻辑，一旦灾难来临，无不舍弃辎重，勿论家园，逃命脱身。像罗兰·艾默里奇执导的《2012》(2009 年上映)，电影中在“世界末日”来临之际，众多家庭的求生之路是躲入在西藏建造完工的“诺亚方舟”；又如樋口真嗣执导的《日本沉没》(2006 年上映)，日本列岛即将沉没之际，人们纷纷转移资产，想方设法地移民到国外。反观《流浪地球》带着家园去逃亡的思路就显得颇为奇特了，尽管刘慈欣和郭帆都告诉我们，真正合理的逃离太阳系的方法其实还是建造飞船，并且从科学的层面而言，用“行星发动机”将地球推离太阳系也是不可能的，但是他们最终还是选择“流浪地球”计划，难道仅仅是因为这一行动具有无与伦比的科幻美感吗？

带着地球，即带着亲人、朋友、邻人、同事……更意味着带着人类共有的家园，流浪或者逃亡都已经不再重要，重要的是心之所系、山河故土全都捆绑在一起，人在，家园也在。这令人想到《列子·汤问》中的寓言故事《愚公移山》，智叟笑愚公太傻，妄图将门前的两座大山挪走，言外之意是何不带上妻儿另觅新居，而愚公坚信“子子孙孙无穷匮也”，即便他在世之时无法将山挪走，他的后辈将移山的信念坚持下去必能大功告成，故事的最后天帝感其诚心，命大力神将山挪走。在中小学的教材上这则寓言经常被注明，弘扬的是愚公勇于战胜艰难险阻的伟大气魄和顽强毅力。我们也很容易发现，踏实肯干的愚公同时是一位拥有浪漫情怀的理想主义者，因为移山成功有一个重要前提“子子孙孙无穷匮也”，这一点并不必然能实现。即便能实现，愚公的子孙也未必会坚守愚公的信念，因此愚公的秉持与坚守，顷刻间就可能化为笑谈。愚公的浪漫在于他对家园的深深依恋和顽强坚守，他未必不知自己的移山之举或许被后人传为笑谈，他也未曾料到自己的诚意会感动天神。在这个意义上，他的“愚”就具有一种史诗般的情怀。但他又区别于古希腊《伊利亚特》《奥德赛》中无法摆脱的悲剧命运的孤胆英雄，因为《愚公移山》最为核心的理念是，为家园、亲人之长久计而无条件地献身，愚公将自己的使命定位于缔造希望、功成身退，故而个人的悲怆命运在集体的成功愿景中完成了价值升华。

《流浪地球》的主题亦是如此，而且它的构想更大胆、更恢宏。刘慈欣这位新世纪的“愚公”、理想主义的化身，将他的科幻创作与中国人的家国情怀紧密勾连，设想将人类居住的整个家园——地球——移出不再适合人类生存的太阳系，另觅新的生存空间。为此人们开山凿地，在地球各处建造 1 万座行星发动机，耗费 2 500 年 100 代人的时光与精力，甚至在逃亡途中不惜将载乘全部地球生命基金和种子的空间站作为点燃木星的火柴，这种不愿舍弃故土、亲人的执念，舍生忘死的担当，在影片中既是机器人莫斯眼中的失去理性的鲁莽，也是儒家传统当中知其不可而为之的超越性精神，亦是主人公刘培强所坚信的“孩子的孩子还有孩子”，希望不灭，人类永存。可见刘慈欣的浪漫情怀亦不亚于愚公。我们不禁要问，《愚公移山》与《流浪地球》的主题设定是一种巧合还是必然，当中国人在生死存亡的关头，为何将捍卫家园、护佑亲人、舍生取义作为其最终的选项?

斗转星移，横跨 2 500 年的愚公移山式的故事《流浪地球》被誉为开启中国电影“科幻元年”的诚意之作。这部电影中的星球大战其实是一场生存之战，片中没有一位真正意义上的反派，也没有一个人以争夺权力和金钱为目标，一切危机与争斗都是生存意义上的，所有艰难抉择都是关涉亲情与友情的。影片重点刻画了人在灾难面前舍弃小我、成就大义的凛然气概，而这个“大义”则合乎人类家园永续长存的美好夙愿。因此可以说，《流浪地球》在充分吸收类似拥有灾难片属性的科幻片的“硬核”——给人震惊体验的灾难场面、科幻奇观以及西方的哲学思维、叙事逻辑的基础之上，融入了中国式的家国情怀：家是最小国、国是千万家，在中国人的精神图谱中国家与家庭、社会与个人是密不可分、相互依存的整体。这种将爱家与爱国、爱故土与爱地球统一起来的情怀，既是刘慈欣自己的，也属于每一个传承了中华文化精髓的群体。

《流浪地球》中的“国”显然是放大了的“国”。它是将整个地球资源与人类集体智慧集合统筹在一起的“联合政府”，某种意义上是人类命运共同体的代言与人类理性的象征，可是却在最后关头向不服从指令的领航员刘培强妥协，从放弃“流浪地球”计划、启动“火种计划”转而支持地球救援队与空间站领航员点燃木星的冒险行动，不得不说这是一幕刘慈欣将科学与人文大胆糅合的典型情节。这一情节设置映射出的是他借助愚公式的精神信念、中国人特有的家国情怀，对在当今大行其道的技术理性的反思与矫正。无独有偶，在他近年发表的科幻短篇《黄金原野》中也有类似的情节，故事末尾在外太空航行长达19年的“黄金原野”号飞船成功地开启了人类外太空探索新时代，其实最初是一对科学家父女用牺牲小我，来唤起人类对太空的普遍关注与航天雄心的一项计划。①

三、新媒体时代的劳动之美

在移动互联网时代，网络电视、博客、视频、电子杂志等已然成了文化传播的主力军，随着网红经济的发展，视频行业逐渐涌现出一批原创内容的制作者，他们以中华优秀传统文化为创作灵感，将艺术性与娱乐性相结合，让人们重新感受到中国传统文化的魅力。深耕在短视频领域的李某柒并不是一般意义上的网红博主，她已然成为集“美食博主”“非遗推广大使”“讲好中国故事”“文化输出”等关键词于一身的文化名人，且获央视新闻、人民日报、光明日报等重要媒体的纷纷点赞。令她走红的系列生活视频几乎没有旁白，也缺少连贯的对话，绝大多数时间都在引导观众去欣赏劳动之美。就是这样一些简单易懂的生活视频，却让她在短短几年中坐拥国内外一众粉丝。

有网友评价她之所以能够成功，是因为她的每一条农耕视频都能展示出田园生活的舒适与恬静，令生活在繁忙都市的人们心向往之；也有人质疑她是由专业团队包装出的网红，视频中的手艺只是“作秀”，其真实目的是为营销。对于李某柒的评价虽然褒贬不一，但不可否认，她的视频极具商业价值，对于当代都市人的确具有吸引力和治愈力，这背后有何奥秘?

一直以来，人们对于田间地头的劳作、家务劳动及手工制造的印象离不开脏、累、苦。然而李某柒的劳动视频宛如一股清流，其中所呈现的田园生活，由令人视之莞尔的娴熟技艺、与大自然和谐共生的超逸情趣，以及与亲人分享劳动成果的天伦之乐，共同构筑而成。她与团队悉心剪辑、制作的劳动画面，颠覆了以往人们对于劳动的刻板印象，使劳动的审美价值在新媒体时代得以凸显。

首先，视频中李某柒的劳动与现实生活中的劳动有很大差别。视频中李某柒的劳动类似于艺术家的创造活动或至少是工匠的创造活动。例如，制作酱油

---

① 原文第一次发表在《社会科学报》微信平台，2019年2月14日。

这个视频，从清明节的播种开始，晾晒、储存、冲洗、腌制、发酵、过滤、提纯、熬煮等复杂步骤均被一一呈现，细致入微。她用新鲜制得的酱油作为调味料烹饪了一桌美食。反观都市上班族的生活常态：早餐交给快餐连锁店，午饭和晚饭交给外卖App，或者去网红餐厅打卡，即便难得自己做一回，多半也是买回来的半成品。视频中，李某柒将家中器具、周边环境、自然节气、食物特性巧妙融合，因而她制得的酱油似乎拥有专属她的味道，且代表她所生活的世界；她对劳动过程中的诸多美好细节的精准截取，进行适当的放大和润色，将生活的质感融入视频，同时剔除了现实生活中劳动的琐屑与重复、烦冗与枯燥。

其次，视频中李某柒与她的劳动对象融为一体。因此，画面里虽然主要是她一人在从事劳作，但丝毫没有给人孤单的感受，反而觉得她忙碌又充实、专注又富有节奏，她在劳动过程中把自己与世界联结在了一起。在现代社会当中，办公室职员和被拴在流水线上的工人在劳动时，这种使自己与外部世界联结在一起的情形已日渐消弭。越来越多的人失去了干农活的经验，家务劳动被各种新推出的人工智能产品接手，偶尔体验的手造活动更多的是作为工作之余的调剂，从事真正意义上的体力劳动的机会越来越少。与此同时，我们与果腹食物、周遭环境以及身边人们之间的距离却越来越远。因而观看李某柒的视频成了现代人治愈自身与世界割裂的一剂良药。

最后，视频中李某柒所展现的劳动之美与劳动之艰辛如影随形。田园生活之安闲舒适只是这些视频当中非常微小的片段，而大部分时间都是在呈现她的干活过程，如做竹床和竹躺椅的那段，去山上伐竹，将粗于她手臂的数根长竹扛回家，到刨削、锯割、开榫、打眼、安装，以及缝制、刺绣竹床上的垫枕，都是她一个人完成的，从清晨一直劳作至日暮。劳动结束后，李某柒坐在竹床上，低头看看身上的粗蓝布衫，似乎跟她新制的竹床不相配，很快起身换了件朱红色的裙衫重新坐回竹床，同奶奶一同品尝刚刚沏好的茶。当观者体会到劳动成果的来之不易，欣羡农家人劳动一天后短暂的休闲时光时，自由自觉的劳动便成为一种理想生活的样态。

在新媒体时代，劳动不再仅仅是维持生存与自我发展的手段，更具有审美价值。李某柒的劳动之所以能够成为一种审美理想，是因为她让劳动以及与之相联系的田园景色和田园生活的画面融为一体,让处于异化劳动中的人们重新审视劳动的价值,重新开启一种在劳动中探求和确立生命意义的可能。新媒体时代的劳动之美,不只是劳动过程中展现出的娴熟技艺、精美构图,还包括将劳动制作的体验内化为劳动者独一无二的经验。如亲手制作竹床和购买回来的床,虽然用途一致,但是使用的感受却有不同;又像亲手制作的食物与购买回来的食物,即便食材相同,但家的味道是没有任何味道能够比拟的。因此,这些将日常劳动体验与生命记忆勾连起来的视频,在经验日益贬值的新媒体时代更凸显其可贵。

但我们无法忽略的是,李某柒视频中呈现的各种自然对象、器皿与工具、食材以及劳动情景,并不是它们自己的原初模样,即不是现实中的模样,而是对现实的再生与整合,更确切地说,是被精心地组合起来配上适宜音乐的一场虚构的视觉盛宴、一种远离尘世的精神幻象,是在现实中创造出的另一个现实。因此,李某柒视频中的劳动,只是一种具有超然独立特性的审美形式,它所呈现的生活与实际生活之间存在着不小的距离。①

四、文学叙事中的瘟疫与病毒

谈到疾病与叙事的话题,人们自然会想到马尔克斯《霍乱时期的爱情》。霍乱是由霍乱弧菌引起的一种急性烈性肠道传染病,特点是发病急、传播快、致死率高。马尔克斯的高明之处是将霍乱与爱情放在一起、互为隐喻。小说中男主人公阿里萨从偶然看见女主人公费尔明娜·达萨的第一眼起,便陷入如同霍乱症状的痴恋——从茶饭不思、夜不能寐、精神恍惚,到等待姑娘的第一封回信时,巨大的焦虑使他上吐下泻,常常突然昏厥,甚至迫切地希望自己死掉。费尔明娜最初对阿里萨唯一怀有的仅仅是一丝同情,觉得他是得了什么病。阿里萨爱上女主的时候恰恰也是霍乱暴发之时,他的母亲特请人来医治,最后确证相思症具有与霍乱相同的症状。

爱情与霍乱/病毒,除了具有类似的折磨人的症状外,还具有同样的隐秘性。

---

① 原文第一次发表在《社会科学报》,2020 年 1 月 7 日。

初恋的好奇与激动在费尔明娜身上体现为：她在饭桌上避免讲话，唯恐一不小心泄露秘密；她动不动就把自己关在卫生间里，一遍又一遍地读那封信，试图从中发现某种秘密代码，某种隐藏在那 314 个字母、58 个单词里的神秘暗语，希望这些词句能表达出比它们原本所表达的更多的含义。

爱情与霍乱/病毒，都可能会有濒临死亡的体验，所不同的地方在于，前者是主动的而后者是被动的，因而在主动迎接与被动选择之间相差的不只是伊比鸠鲁式的达观。当阿里萨在爱中煎熬时，医生给他开出方子，用椴树花熬水来镇定神经，并且建议他外出散心，希望通过距离让他得到安慰。可是阿里萨却甘愿享受煎熬，只是因为爱。

若论爱情与灾难之间的复杂关联，我们可以拿张爱玲的《倾城之恋》跟《霍乱时期的爱情》作一番对照。一般认为，白流苏与范柳原的爱情，是因战时香港的倾覆而促成的。但是张爱玲在小说结尾处吐露出对这因果联系的另一番解释：香港的陷落成全了她。但是在这不可思议的世界里，谁知道什么是因，什么是果？也许就因为要成全她，一个大都市倾覆了。成千上万的人死去，成千上万的人痛苦着，跟着是惊天动地的大改革。仅仅是一句“因为要成全她”便显出这爱非同寻常，显出微不足道的个体所隐藏的颠覆性力量。这段话让人深思，个体在突发事件中的微妙之点，尤其是那些被这一事件释放出来的个体，或重塑自身或以身犯险，他们在疫情暴发时所观看的、议论的与选择相信的内容，以及通过微信、微博转发的内容，将汇聚成一股巨大力量，左右疫情防控战的效率与成败。

将霍乱作为背景的小说，还有毛姆根据自己 1919—1920 年游历中国的亲身经历创作的《面纱》。毛姆用一种富含宗教元素的叙事话语徐徐揭开疾病蔓延之下生活的真实面孔。一个爱慕虚荣的英国贵族小姐由于对婚姻不忠，被丈夫带到霍乱肆虐的小城湄潭府，全然陌生的环境、未知的命运、可怕的疫情，却让她更贴近人性的真相与生活的真谛。小说中女主凯蒂来到瘟疫肆虐的中心地带，修道院里忙碌的生活，让她摆脱了精神上的瘟疫——自怨自艾与百无聊赖，她还受到别样生活和人生观的启迪，变得越来越健康和强壮。但她依稀间觉得自己跟修女间还隔着什么，因为修女有她们的道，但她还在寻找自己

的道。

在凯蒂离开湄潭府前，她苦苦追寻的“道”，由爱上中国女子的英国绅士沃丁顿娓娓道出：“道，就是路和行路人。那是一条永恒之路，万物都行走在其间。”凯蒂多半不能会意老子玄而又玄的“道”，在天地有无之间，她只是想找到自己的避难所。与此形成鲜明对照的是虔信天主教的修道院院长给凯蒂的临别赠言：唯一有意义的是热爱自己的职责，当爱和职责融为一体时，上帝的恩宠就在你身上，你将享受出人意料的幸福。她深知，全心奉献、忠顺教会修女所行的并非她的道。她的“道”，首先要从恼人的情爱关系中摆脱出来，然后挣脱一切精神束缚，对未来充满信心。

毛姆虽将《面纱》的故事背景主要设置在瘟疫肆虐的中国，但作者真正关心的却是瘟疫映射出的复杂人性。他以外科医生般的冷静，细致剖析凯蒂的内心，通过瘟疫中的人和事，来帮助凯蒂寻找到自己的“道”，让她在疾苦中完成精神蜕变。对于当前因新冠疫情困在家中的普通人而言，在信息过载的时刻所能做的最有价值的事，或许是读一本一直想读却没能读的书，或许是在道听途说的围攻中守好自己的心，并且相信，不论在何处都能找到生活的“道”。

与《面纱》类似，加缪的《鼠疫》也让我们看到了一场人性的战争。有所不同的是，这部哲理小说始终聚焦于鼠疫本身，从疫情到来时的黑暗与荒诞、人们的绝望与顽强抵抗，到疫情一点点退去、人们回归生活常态。在加缪眼中，鼠疫不仅仅是一场战役、一次囚禁、一次流放，更是每个人身上的罪恶和大多数人所患的对事物有错觉的通病。人与鼠疫对抗的历史，也是迫使人与自身的劣根性进行斗争的历史。作者的代言人里厄医生并不是一个英雄人物，他只有那么一点善心和理想，在鼠疫暴发时他只有一种选择，那就是跟疾病进行搏斗。因此当我们去感谢正在坚守岗位的医生，或是赞美以身殉职的医护人员时，千万不要忘了他们也是普通人，撤回那些高不可攀的大词宏旨。

《鼠疫》以极其冷静克制的叙事方式，从医生里厄的视角指出，与瘟疫作斗争的唯一办法是实事求是，每个人做好自己的本分。《鼠疫》中帕纳卢神父将危害生灵的鼠疫看成一场救赎、一次对世人的教育。这亦是一种直面现实的态度，当全城蒙上死亡的阴影，人心大崩溃之时，帕纳卢神父将灾难与救赎画上等号，抗争鼠疫成了救赎之路，这无疑激发了人们抗争的勇气，拥有不同价值观的人成了朋友，纷纷投入这场战斗。事实证明战胜一场疫情是需要整个社会的高效协作与倾力奉献的。有人说，一场天灾给一个国家按下了暂停键，但笔者更愿意将它看成促使人们脱离浑浑噩噩的状态的一剂强心针。睁开眼睛看世界，阅读世道人心，认真思考并积极应对所面临的残酷现实，是一场天灾给人类上的最好的一课。

第十二章　美育视角下的爱情

在讨论亚里士多德《诗学》一章时，我们曾提到悲剧作家索福克勒斯《俄狄浦斯王》中的斯芬克斯之谜：什么动物早上用四条腿走路，中午用两条腿走路，晚上用三条腿走路？谜底是“人”。有意思的是，这个关于“人”的谜语竟难住了许多人。这一章则专门讨论关于“爱情”的斯芬克斯之谜，它同样也令许多人一筹莫展。但是，本章绝非教人谈恋爱的方法指南，或提供令“你爱的人也爱上你”的实用技巧，当然也不是对比较常见的爱情现象进行分门别类的讨论，而是旨在探讨爱情的本质，洞悉爱情之于人生的意义，分辨成熟之爱与不成熟的爱，剖析爱情的悖论机制等。

席勒在《美育书简》的“第二十封信”中谈到，美的本质与人的本质紧密关联。一个人若拥有审美的心境，实乃人性之馈赠，因为这种心境既非沉溺于感性，也不是一味诉诸理性，而是指感性的力量与理性的力量和谐共生、心灵完整且自由的状态。① 从美育的角度探讨爱情，其现实意义体现在以下三点：第一，让人们以更加客观冷静的态度理解和面对爱情，对爱情抱有合理的期待与要求；第二，在恋爱过程中，拥有一些必要的知识、原则，从而让爱情健康长久、避免受到伤害；第三，在遭遇失恋时，能够保持理智和达观，从爱的经历中学会反省、发现自身的局限，进而完善自身，使爱情的意义超越爱情本身。

一、《会饮篇》：对完整的希冀与追求就是爱情

本书第一章提到，柏拉图《会饮篇》的中心主题是爱。《会饮篇》的主要谈话

---

① 参见[德]席勒：《美育书简：德汉对照》，徐恒醇译，社会科学文献出版社，2016，第 142-146 页。

人之一阿里斯托芬(Aristophanes,约前446—前385,又译为阿里斯多潘)关于爱情的颂辞中最为核心的是富有想象力的“爱情圆团”论①。他以神话的方式系统回答了人们缘何向往爱情,为何唯独追求某一特定的对象,并以觅得这样的爱人为福祉。此外,他也回答了人们何以能够为爱情奋不顾身,甚至不惜献出生命,等等。

据阿里斯托芬所言,从前的人有三种性别,不像现在只有两种。在男人与女人之外还有一种不男不女、亦男亦女的人,叫作“阴阳人”,他们在身体上兼具阴阳两种性别的特征。从形体上看,这三种人如同一个圆团,腰和背都是圆的,每个人有四只手、四只脚,头颈都是圆的,头上有两副面孔,一副朝前,一副向后,耳朵有四只,生殖器有一对,其他器官的数目都依比例加倍。

据说这三种性别的人,男人由太阳生出,女人由大地生出,阴阳人则由月亮生出,这是因为月亮同时具备太阳和大地的性格。这三种性别的人,不论在体力还是精力上都非常强大,因此自视甚高,甚至想要与神灵论个高低,乃至图谋造反于诸神。于是,宙斯和众神召开大会,商量应对之策。他们不能将人类灭绝,否则就没有人来祭拜神了,但又想惩戒人类,杀杀威风、灭灭志气,制止其蛮横行径。于是宙斯想出一个办法,他将每个人从中间劈成两半,这样人的力量就减弱了,与此同时人的数量加倍了,于是乎侍奉神的人和献给神的礼物也就加倍了。宙斯把人剖开之后,又叫阿波罗把人的面部和半边颈项转到截开的那一面,把截开的皮从两边拉到中间,拉到肚皮的地方,把缝口在肚皮中央系起,造成了现在的肚脐。

人被截成两半后,一半想念另一半,想再合拢一处,于是饭也不吃,事也不做,就如同热恋中的人一般,整日抱在一起,直至饿死。这时,宙斯起了慈悲心,便将人类的生殖器移到前面,使男女可以有自己的后代,由于这种安排,如果抱着相合的是男人和女人,就会生出小孩。这个故事很好地解释了人与人相爱的欲望从何而来,即人要恢复最初始时的完整、统一的状态,通过寻找自己的另一半,把两个人合成一个,医好从前被剖开的伤痛。反之,则形单影只、一生不安,只得不断舔舐自己的伤痛,就像我们现在网络上所说的“单身狗”一般。

---

① 参见[古希腊]柏拉图:《会饮篇》,王太庆译,商务印书馆,2013,第29-35页。

阿里斯托芬的“爱情圆团”论，生动地阐明了爱情的起源：由于人类原本是两两结合在一起的，因而被迫分开之后，自然要拼命寻找先前的另一半，直至成双入对，否则将孤苦伶仃，惶惶不可终日。爱情承载着恢复人之完整的希冀。如此一来，世人所言关于爱情的种种玄妙，也都变得简单、朴实起来。在西方哲学史上，黑格尔也表达了类似的观点。他认为，爱情便是意识到自己与另一个人是统一的，生死不能分离，离开此人就会感到万分孤独，找到此人宛如找到了自己，即获得了别人对自己的承认。

在生活当中经常会出现这样的情况，我们有幸找到了自己的另一半，但是由于诸般因素不能在一起，这可能会给有缘人带来更大的一种伤痛。例如，哥伦比亚作家、拉丁美洲魔幻现实主义文学的代表人物马尔克斯在发表了《百年孤独》之后，写了一部关于爱情的长篇小说《霍乱时期的爱情》，将一段跨越半个多世纪的“爱而不得”描写得惊天动地。

爱情与霍乱，发展的极致都是死亡，因爱而死与因霍乱而亡，看似相距甚远，实则都蕴含着某种必然性。如果说因霍乱而亡是被动的，是不得不然者，那么因爱而死，则含有主动选择的成分，死亡让爱情升华、成为永恒。

人们在寻找爱人的过程中还有另外一种情况，就是原本已经找到了自己的有缘人却不自知，等到失去后才恍然大悟。法国女作家杜拉斯带有自传色彩的现代小说《情人》所描述的就是这种情况。她在70岁高龄、倍感沧桑之时，还念念不忘自己少女时期在印度（当时的法属殖民地）与她的中国情人之间的故事，这部小说也被拍成了电影，中国香港演员梁家辉饰演男主角。很多人认为这部小说写得最好的就是它的开头：

> 我已经老了。有一天，在一处公共场所的大厅里，有一个男人朝我走来。他主动介绍自己，对我说：“我认识你，永远记得你。那时候，你还很年轻，人人都说你美，现在，我是特来告诉你，对我来说，我觉得现在你比年轻的时候更美，那时你是年轻女人，与你那时的面貌相比，我更爱你现在备受摧残的面容。”①

① ［法］杜拉斯：《情人》，王道乾译，上海译文出版社，2005，第3页。

杜拉斯《情人》中的这个段落所描述的是这样一种情感，它可以抵挡无情岁月的侵蚀，能够让爱日久而弥新。这种情感类似于 2001 年中国的民谣组合“水木年华”演唱的《一生有你》里面的歌词“多少人曾爱慕你年轻时的容颜，可是谁能承受岁月无情的变迁”，以及爱尔兰诗人叶芝的《当你老了》中的“多少人爱过你昙花一现的身影，爱过你的美貌，以假意或真心，唯独一人曾爱你那朝圣者的心，爱你哀戚的脸上岁月的留痕”，这种美好的情感也符合许多人心目中理想爱情的模样。但在笔者看来，杜拉斯《情人》中的爱情其实是充满着遗憾的，与求而不得的爱情不同，后知后觉的爱情是另一种爱情悲剧，其中蕴含的情感极为复杂。杜拉斯将这种积聚了喜悦与惊奇、懊悔与遗憾的感受细致地描写了出来，真是非常难得。故事中的“白人少女”在返回法国的轮船上，夜里回想起这段感情，在乐声中开始悄悄地哭泣。我们读到这一段的时候甚至有一种惊心动魄的感觉：

> 后来，她哭了，因为想到堤岸的那个男人，因为她一时之间无法断定她是不是曾经爱过他，是不是用她所未曾见过的爱情去爱他，因为，他已经消失于历史，就像水消失在沙中一样，因为，只有在现在，此时此刻，从投向大海的乐声中，她才发现他，找到他。①

“白人少女”在失去她的中国情人时才真正体会到自己对他的爱情，这个感情如此之深刻，以至于她在 70 岁的高龄还念念不忘，提笔写下《情人》，并在正式出版前增删数次，足以可见她对这份情感的珍视。《情人》中的“白人少女”最开始时以为这只是一场交易，因为他们之间隔着种族与身份，但到离别时才发现，在她破碎的生活中，只有她的中国情人是她内心的旅伴，她对他早已生出了不同寻常的爱。于人生而言，这样的爱情或许是一种遗憾，因为它没有大团圆式的结局，但于文学而言，毋宁有一种极致的美，特别能够拨动人心当中最脆弱的部分。正如李商隐在《锦瑟》中的最后两句诗：“此情可待成追忆，只是当时已惘然。”人们读到它，即便全然没有经历过，也可以理解，倘若经历过，就会产生共鸣。

---

① ［法］杜拉斯：《情人》，王道乾译，上海译文出版社，2005，第 136 页。

柏拉图《会饮篇》中的“爱情团圆”论给生活在现时代的人一种启发：如果说爱情是人在寻觅曾经失去的另一半自我的过程中自然而然发生的事，那么我们可以认为，人对自身完整的希冀与追求就是爱情，并且爱情的发生是冥冥中注定的，它有可能是坚固且持久的。这样就把爱情从一刹那心动，带入一个更为广阔的天地中去了。

二、《爱的艺术》：爱情需要知识和努力

爱是一门艺术吗？如果爱是一门艺术，就要求人们拥有这方面的知识并努力付诸实践。① 20世纪哲学家、心理学家艾里希·弗洛姆在其代表作《爱的艺术》的开篇，便以自问自答的形式，将爱与知识相挂钩，进而为人们驱散爱情路途上的迷雾——误将“对异性有吸引力”等同于“被爱”，这毋宁说是延续了柏拉图《美诺篇》中“美德即知识”的论述逻辑，根据这一逻辑可推出：恶念或恶行是由于无知（缺乏智慧）所致。因此，我们可以说，在弗洛姆看来，不懂得爱或失去爱其实是由于不了解关于爱的本质的知识（智慧）。

2019年，媒体上的两篇文章《“不寒而栗”的爱情：北大自杀女生的聊天记录》《我是包丽的朋友，真相远比你知道的更可怕》，让北京大学法学院大三学生包丽与其男友牟某翰迅速进入公共视野，一时间网上掀起了关于包丽自杀事件的热议。网友们在纷纷叹惋这名正当芳华却已经枯萎的姑娘的同时，激烈地声讨对她施以精神折磨的男友。

包丽究竟为何会自杀？事情的真相也许永远也无人知晓。一味地谩骂抑或用苍白的话语告诫女性远离“渣男”，对于已经陷入某种畸形关系的女性常常不能起到任何帮助。从包丽事件中我们能够看到，即便是她最亲近的家人、朋友也没有成功劝服她远离不断折磨她的男友。而我们真正需要搞清楚的是，此种畸形的爱情关系究竟如何被缔结，并且为何一经缔结便会让身处其中的人欲罢不能呢？

2019年12月，《南方人物周刊》发表的一篇文章《孔唯唯：情感教育阵地，你

① [美]艾里希·弗洛姆：《爱的艺术》，刘福堂译，上海译文出版社，2018，第3页。

不去占，PUA就会去占》迅速进入大众视野，着重探讨的是近年来颇受关注的大学生恋爱问题。文章的观点鲜明：由于主流社会忽视了大学生的恋爱需求，PUA公司乘虚而入，用低劣的手段迅速抢占了这个市场。而所谓PUA多半教出的是有技术的“渣男”。他们中还有许多是青少年，从对爱情懵懂无知到变成毫无道德底线的情场猎手，这当中究竟经历了什么，我们无从知晓。但有一点是毫无疑问的，PUA者在狩猎女性的同时，也深陷丧失自我的深渊，在寻找爱情的途中彻底迷失。

据网上公开的包丽与其男友的聊天记录，从时间上看，包丽是一步步被男友挟制的。从几次分手未遂的事件中，我们不难看出，她不是不知道自己的危险处境，也并非没有试图去结束这段关系。但在几次失败的尝试后，她最终还是屈服了，反抗的意志逐渐沦陷在其男友的各种诋毁声中。在包丽的微信上，男友的备注为“主人”，在聊天记录中男友逼迫她称自己是“牟某翰的狗”，其实两人的私密称谓还有另一组：包丽为“妈妈”，牟某翰为“宝宝”，这两组看似完全颠倒的称谓（一组是男友为主、包丽为仆人，另一组是男友为依附者、包丽为被依附者）为我们提供了一个重新思考包丽事件的契机。

弗洛姆在《爱的艺术》中将爱情分为两种：成熟的爱与不成熟的爱。成熟的爱是在保持自己的尊严和个性条件下的一种结合，它既使人克服孤独感，又承认自身的价值；不成熟的爱则会导致一种共生性结合，类似母体与胎儿的关系，两者虽躯体各自独立，却在心理上相互依赖。在弗洛姆看来，成熟的爱的标志是创造和给予，不成熟的爱的特征则是毁灭与接受；成熟的爱遵循的原则是“我因爱而被爱”，不成熟的爱则宣称：“我爱你，因为我需要你。”①不成熟的爱又称为“童稚的爱”，在这种爱的关系里，别人的爱只是满足自己需要的手段，而在成熟的爱中，别人的需要同自己的需要一样重要，甚至更为重要，也就是说主动去爱比被爱更重要，给予比接受更重要。

弗洛姆在《爱的艺术》的第二章《爱的理论》中，以受虐狂和虐待狂为例，说明在不成熟的爱中发展出来的极端共生性关系及其不良后果。他指出，受虐狂是共生性结合的被动形式。对受虐狂而言，虐待狂是他的生命和氧气。他屈从的

① 参见［美］艾里希·弗洛姆：《爱的艺术》，刘福堂译，上海译文出版社，2018，第45页。

对象对他的威力极大。他不仅在精神上屈从于这个对象,而且常常在肉体上也依附于这个对象。在这样的共生性关系中,受虐狂不必作决定,不必冒险。他依附于人,使自己成为某人某物的工具或附庸。他虽永不感到孤单,但是毫无尊严,因而不是一个完整的人。与受虐狂相对应的是虐待狂(施虐狂)是共生性结合的主动形式,他通过将另一个人变成自己的重要部分或控制崇拜他的另一个人,从而摆脱孤独与禁锢、抬高身价与壮威。正像受虐狂依附于虐待狂一样,虐待狂也离不开受虐狂,差别仅在于一方是指挥、剥削、侮辱、伤害的施与者,另一方则是屈从权威、忍受凌辱、放弃尊严、甘做附庸的接受者。①

借助弗洛姆对虐待狂与受虐狂这一共生性结合的深刻把握,我们会清晰地看到,在包丽与其男友的关系中也存在受虐狂与虐待狂的某些特质。牟某翰将自己视为女友包丽的"主人",称她为"牟某翰的狗",说明他在二人的关系中是主动支配的一方,他想通过包丽的臣服来为自己壮威、获得优越地位。在感情生活中,他的快乐之源就是包丽的服从,因此他不断触碰包丽的底线、践踏她的尊严。与此同时,牟某翰在对话中称包丽为"妈妈",自称为"宝宝",则表达出他在心理上非常依赖包丽,他虽是施虐者但却以受虐者的姿态要求被满足和被给予,而真正的受虐者包丽却由于被不断弱化、贬低、侮辱,而无法对自己承担责任并自主结束这段畸形的关系,最终以死作为了结。在这段关系中,无论是委从方包丽还是控制方牟某翰,都失去了各自的自由和完整,因此这种恋爱关系注定会使双方有意无意酿就敌意,从而无法修成善果。

包丽事件与 PUA 现象,共同折射出在青年群体中普遍存在的情感教育缺失问题。爱情虽是最难捉摸、几乎非理性的人际关系形式,但正因如此,才需要基础教育和高等教育在青少年的成长阶段给予有益的引导与启示。青少年若没有受到积极、健康的爱情价值观的影响和塑造,便很容易在网络媒介的助推下沦为施虐-受虐关系的献祭者,抑或是 PUA 之类套路的牺牲品。

弗洛姆在《爱的艺术》中指出,童稚的爱遵循的原则是"我因被爱而爱",他感到由爱而产生爱的力量。对 8 岁半到 10 岁的儿童来说,被爱几乎是全部,这个年龄的儿童还不会爱,但他会感激、很高兴被人爱。当孩子第一次想要给母亲或

---

① 参见[美]艾里希·弗洛姆:《爱的艺术》,刘福堂译,上海译文出版社,第 22-23 页。

父亲某种东西，想到创作某种东西——一首诗、一张画，爱的观念才第一次从被爱转变成爱，也就是转变为创造爱。而当一个人成长到青年时期，他基本上已经可以靠自己的努力满足自己的需要。这个时候给予就比接受更令其满意、令其高兴，爱也就变得比被爱更为重要。

因此我们在日常生活中会看到，越是成熟的人，越会勇敢地表达并寻找自己真正爱的人。在爱情当中，成熟意味着，他摆脱了以自我为中心这种状态，他的爱的行为表现为，不将对方视为服务于自己的工具，发自内心地关心与尊重对方，努力去了解另一个人独特的个性。在这样的状态里，人与人的爱的关系是融洽的，而非自我隔离的，是深入本质的，而非停留在表面的。正如弗洛姆所言：成熟的爱是我需要你，因为我爱你；不成熟的爱是我爱你，因为我需要你。①

弗洛姆其实将爱情与人的生存问题联系在一起。作为个体的人在幼儿阶段感到与母亲是一体的，作为类的人在其幼儿阶段都感到与自然是一体的（原始的图腾崇拜），在这个阶段人一点儿也没有孤独感。但是随着步入青年时期，人逐渐从这些原始的纽带中挣脱，就会愈来愈感到与自然或与母亲相分离，而追求爱的过程，就是克服分离、摆脱孤独感的过程，进而在超越了以自我为中心的爱的行为中，感到新的融洽与协调，产生更具有包容性的爱的力量。

朝九晚五的工作、娱乐与休闲活动，都可以短暂地帮我们从分离带来的焦虑中解脱出来，但最好的方式还是爱情。爱是一种活动，并且是一种主动的活动。它不像一个人为了养家糊口而工作，或者为了实现野心、摆脱不安感而工作，这是被动的工作，这些活动的共同之处是，都以达到外部目标为动机。爱这种活动，只能在自由中实现，因此我们看到很多影视剧，一个人如果以某种外在目的为驱使，强迫自己去爱一个人，那么他的爱的行为会非常不自然。真正的爱情只能在自由中实现，而不能作为强迫的结果。

爱作为一种积极的主动的活动，最突出的表现是给予而不是接受，或者说不以接受为交换条件的给予。弗洛姆认为，买卖型的人格的给予是以接受为交换条件的。谈到给予，有人可能会发出疑问，爱情是不是就是一味地牺牲，以致失去自我？不是这样的。“给予”是具有创造性人格的特质，“给予”是潜力的最高

① 参见[美]艾里希·弗洛姆：《爱的艺术》，刘福堂译，上海译文出版社，2018，第45页。

表现，当一个人在实施“给予”的行为时，感到自己很强大、富有、能干，感到快乐和充满活力，感到自己精力充沛，而不是感到痛苦，这是给予的真意。这里的“给予”不是丧失、舍弃，而是存在价值的体现。“给予”不一定给他人财物，或牺牲生命，而是意味着他把自己有活力的东西如快乐、兴趣、理解、知识、幽默……给予他人，把他自身的一切充满活力的东西表现出来并具体化。因此，给予是一种高雅的乐趣。①

《爱的艺术》这本书，不仅谈论了一般意义上的爱情，还探讨了兄弟之爱、父母与子女之间的爱、自爱与自恋的差别，以及人类对上帝的爱。从始至终贯穿着作者的如下主张：爱是一门需要知识与努力的艺术。具体而言，爱是一门实践的活动。一个人在爱中，他(她)不是我们通常所理解的“坠入情网”，而是积极地去行动与给予；真正的爱意味着具有爱的能力，爱某个人是将爱的能力付诸实践。它蕴含着关心、尊重、责任与了解，而不是被某人所感动的那种“情感”。因此我们可以说，爱的艺术，是一种需要自我规范的实践，它绝非能一蹴而就，在爱的实践中不仅要满怀信心，还需要保持专注与耐心、敏感与理智。

三、《作为激情的爱情》：不确定性不是爱情的敌人

前面我们主要是从哲学、心理学的视角，探讨了爱情的本质以及实现途径，接下来将会从社会学的角度来解释，爱情的产生与逝去，有着怎样的内在机制。本节介绍的主要是德国社会学家尼克拉斯·卢曼(Niklas Luhmann，1927—1998)的著作《作为激情的爱情》，这部书据称是卢曼最受大众欢迎的一部学术著作，尽管它其实是一部汇聚了语义学、现象学、系统论等多种方法的社会学著作。

译者范劲教授为我们指出了其中两条鲜明的理论线索：“卢曼不仅仅是对爱情现象感兴趣，也不仅仅是对法国 17 世纪通俗爱情小说着迷，而是很早就直觉到这一现象的社会理论效益。在《作为激情的爱情》中，卢曼主要考察了 17 世纪以来爱情的历史语义学演化，配合以之前就开始践行的两条理论线索，即知识社会学和交流媒介理论，以呈现爱情作为一种交流媒介从社会中分化而出的

---

① 参见[美]艾里希·弗洛姆：《爱的艺术》，刘福堂译，上海译文出版社，2018，第 25-26 页。

过程。”①

在笔者看来,《作为激情的爱情》为我们提供一种理解爱情的新视角,其中最为核心的观点是:不确定性不是爱情的敌人,恰恰是因为有了它们才生出爱情,或许能够为在爱情中遭遇挫折的现代人提供一些启示。爱情的实现乃是两个完全迥异的“世界”的融合,是双重偶然的极致。因此,恋爱双方应该试着多从对方的角度观察、思考和行动,接纳对方呈现的多重差异与矛盾,以免陷入以自我为中心所导致的交流阻塞,甚至是分道扬镳。接下来,我们选取《作为激情的爱情》中的四个代表性观点展开讨论。

观点一,爱情是一种交流媒介,是一种针对亲密领域的特殊的符码。“爱情作为媒介本身不是情感,而是一种交流符码,人们借助这一符码的规则表达、构成、模仿情感,假定他人拥有或否认他人拥有某种情感,如果相应交流得以实现,还能让自身去承担所有后果。”②卢曼认为,爱情原本是一个低概率性的事件,爱情的发生难以预测,爱情关系的缔结难以捉摸,其中有许多非理性的部分。然而,爱情之所以具有长盛不衰的迷人魅力,圆满的爱情尤其令人神往,正是因为它实现的概率低、不确定性强。人们之所以能够在困难重重的爱情探险中得偿所愿,与另一个人达成共识、水乳交融,是因为在人们启航去寻找爱情之前,即在人们找到意中人并与之接触前,关于爱情的符码就已经存在,关于爱情的种种行为模式也清晰地呈现在人们面前。

何为爱情的符码?在卢曼看来,爱情的符码普遍存在于我们所接触到的小说、戏剧、影视剧、游戏、漫画等作品当中,里面的话语、思考方式和行为模式共同构造了爱情的符码。它们可以作为某种“意识形态”导向,调控、模塑人们对于爱情的想象,从而让人们更有可能陶醉于爱情,同时也令关于爱情的选择变得较为容易,因为在遇到这个合适的人之前,我们已经进行了思想上的操练、心理上的预备。但是,关于爱情的这套符码也有其局限性,即符码的使用有可能会对感情的深度实现造成阻碍,这种情况出现在高度人格性(个体化)的爱情交流中。谈话的主导者往往通过这一媒介谈论自身,从而构建起充满自身立场和观点的言

① [德]尼克拉斯・卢曼:《作为激情的爱情》,范劲译,华东师范大学出版社,2019,第5页。
② 同上书,第66页。

语世界，而与之交谈的人则变成这个独异世界的确认者或补充者。

观点二，爱情以非常独特的方式解决交流问题，它能够在放弃交流的情况下强化交流。它利用了间接交流，如眼神、表情、姿态等，达成某种心照不宣，为接下来爱的行动做好铺垫。法国思想家罗兰·巴特以《恋人絮语》告诉世人，从内容上看几乎什么也没说的絮语才是恋人们的倾吐方式。这当然也符合实际，恋爱中的人往往思绪万千、语丝绵绵，又常在倾吐中戛然而止、陷入迷惘，正所谓"醉翁之意不在酒"。恋人之间的交流，正是在对一板一眼的科学语言的否定中诞生的。恋人正是在片段的、不连贯的情话中，或是在一连串的省略号里，雕凿出了只属于他们的爱情故事。

张爱玲的《爱》恰好生动诠释了卢曼对爱情交流方式的独特理解。《爱》的篇幅极短，抄在下面，供读者体会。

> 有个村庄的小康之家的女孩子，生得美，有许多人来做媒，但都没有说成。那年她不过十五六岁吧，是春天的晚上，她立在后门口，手扶着桃树。她记得她穿的是一件月白的衫子。对门住的年轻人同她见过面，可是从来没有打过招呼的，他走了过来，离得不远，站定了，轻轻地说了一声："噢，你也在这里吗？"她没有说什么，他也没有再说什么，站了一会儿，各自走开了。
>
> 就这样完了。
>
> 后来这女子被亲眷拐子，卖到他乡外县去做妾，又几次三番地被转卖，经过无数的惊险的风波，老了的时候她还记得从前那一回事，常常说起。在那春天的晚上，在后门口的桃树下，那年轻人。
>
> 于千万之中遇见你所要遇见的人，于千万年之中，时间的无涯的荒野里，没有早一步，也没有晚一步，刚巧赶上了，那也没有别的话可说，唯有轻轻地问一声："噢，你也在这里吗？"①

故事中，青年轻轻说出口的这句话"噢，你也在这里吗？"便是恋人絮语了，在

① 陈剑晖，季丰：《一片冰心在玉壶》，广东高等教育出版社，2019，第156-157页。

交流中它没有什么实际意义，甚至也用不着对方去回答，非常之含蓄、隐晦，但却令人难以忘怀，每每回想那一瞬间，甚至有些惊心动魄。

观点三，在爱情语义学中，编码很早就得到了反身性，即爱情编码具有的两面性。比如：在17世纪人们就已经知道女士阅读了小说，知道了规则，她受到警告，比如可以识破那些属于勾引技巧的套话和姿态，但也正因为如此却面临危险，那些套话和姿态对她仍然是管用的（PUA便是利用了这一点），稍后，敏感的男人也沦为小说的牺牲品。小说里面的那些符码不仅规定了某种行为的特殊含义，并且在爱情的现实领域中会以一种可辨认、可确证的方式再次出现。书刊印刷、影视剧的传播在其中的推动作用，也不容小觑。法国作家福楼拜创作的长篇小说《包法利夫人》，主人公包法利夫人（爱玛），在少女时期疯狂迷恋书中描述的浪漫爱情，导致她对爱情有着不切实际的想象。她虽是农家女，却受过贵族式的教育，因此她在婚后，感到自己平庸的乡镇医生丈夫乏味至极，并且梦想着传奇式的爱情，可是她两次的偷情，非但没有给她带来幸福，却使自己走投无路，服毒自尽。

观点四，爱情的信号必须可持续，一方只有对另一方的持续关注才真正能够象征爱情。显示爱情的态度必须表现为行动，单单为对方着迷是不够的，必须能够付诸行动，并且在行动的这一刻必须同时允诺行动的持久。爱情信号由强变弱，基本上是爱情失败的首要原因，因为这种持续的关注和经久不息的行动，本质上是一种重复，但是这套行动在爱情中却不能够带上重复的标记，这也是爱情的悖谬之所在。爱情信号的不可持续性，在叔本华的意志论哲学中也能得到合理解释。叔本华将爱情视为生物学上不可避免的事物，爱情的发生是物种延续的关键，但是这种基于生命意志的激情与爱欲并不会在一对爱侣或父母身上保持生命力，因为一旦生命意志得到满足，有关爱情的幻觉便会消退。

《作为激情的爱情》为我们重新定义了爱情的本质，深刻揭示出爱情不确定性、悖谬性的根源，以及爱情、情话之于个体的意义：爱情通过悖论机制发挥整合作用，爱情的作用不是实现神秘合一，而是让人学会适应悖论世界；恋人的语言是关于爱情的一套符码，这套爱情的符码具有“桥梁”与“陷阱”两副面孔，它既让亲密关系实现的概率大大提高，又常常令青年男女在恋爱套路中陷入盲目，甚至在为之付出的渴望、热情与孜孜以求的努力中步入歧途。

第十三章　美育视角下的女性与婚姻

本章讨论的是影视剧中女性与婚姻的主题。随着中国社会的进步，女性解放的程度越来越高，女性在家庭、社会中的价值也越来越得到承认，但从时下热门的影视剧中仍能折射出现代女性在婚恋、工作与子女养育方面所产生的焦虑。她们在思想上仍然受到传统观念的禁锢，尽管她们受过高等教育，并且熟悉法国存在主义思想家西蒙娜·波伏娃在《第二性》(1949)中的观点：女人不是天生的，而是被造就出来的。有时候我们还不得不回到20世纪女性主义文学批评的圣经《阁楼上的疯女人》(1979)或更早的伍尔夫《一间只属于自己的房间》(1929)去找寻女性解放的出路。从美育的角度讨论女性与婚姻的主题，可以帮助我们理解什么是真正的女性视角，或者分辨女性创作与女性视角之间的根本差异；可以引导我们认识什么才是真正的独立女性，以及获得独立的先决条件。

一、女性的“处所焦虑”

近年来，国内影视剧中出现了不少凸显女性视角的优秀作品，颇有重塑女性形象、高扬女性意识的势头。但以女性视角切入、展开叙事的影视作品并不完全等同于“大女主”剧。前者侧重于从女性的角度看待事件、提出问题或表达观点，聚焦困扰女性的现实难题，或力图呈现两性在思考方式、价值立场上的差异性；后者则是以剧中女性为中心，重在展示女性成长的路径，形成一种低开高走、成功逆袭的剧情套路，它是不断以新的面目乔装出现的白日梦，为的是满足当下人们对于“完美女性”的想象。

“处所意识”是美国文学空间研究领军学者罗伯特·塔利提出的重要概念。

他想表达的是人们对于“处所”有所意识的精神状态，这里的“处所”是一种存在主义式的处所，而不是一般意义上的地点，而这种对于“处所”的主导意识是焦虑与恐慌。故笔者在这篇文章中引入这个概念，并将其改造为“处所焦虑”，特用以分析女性在某个处所之内，感到恐慌和陌生，并追究其根源。

女性对于“处所”的焦虑与自我的觉醒往往相伴而生。在文学中这样的例子不胜枚举。大众较为熟知的易卜生《玩偶之家》中的娜拉便是如此，当她意识到自己在“家”这个并不真正属于她的“处所”中如同玩偶一般时，便毅然决然地离开温暖舒适的家。尽管鲁迅先生并不看好娜拉的出走，认为她出走后无非两种结局：不是回来，就是堕落。但若将娜拉的故事发生在当代，那么她的“处所焦虑”有无消解的可能呢？

在年度热播剧《三十而已》（2020 年上映）中，王漫妮、钟晓芹、顾佳三位女士有其各自的“处所焦虑”。王漫妮从小镇来到上海打拼事业，期待能够在上海拥有一个家，却只能在她租住的房间露台上，感受“魔都”的喧嚣与繁华。尽管收入不低、品位不俗，但她无法回避内心的巨大焦虑：无法拥有真正属于自己的处所。可是，当她后来回到老家，开始过安定日子时，她的“处所焦虑”不但没有消失，反而变得更为强烈。可以说，王漫妮是通过不断地“出走”来消解自己的“处所焦虑”的，而不同形式的“出走”，意味着她不断地找寻与提升自身的价值。

钟晓芹作为有房一族，她真正的焦虑是：无法在婚姻生活中找到存在感。钟晓芹与陈屿在争吵后离婚，踏上自由之路的情节，有点类似娜拉出走。它背后的逻辑是：离开家，是因为发现婚姻是自己不幸的根源，更确切地说，是认为自己的伴侣是问题所在。与娜拉不同的是，钟晓芹在离婚时并没有特别意识到自己的不成熟与不独立。她在离婚后其实是经历了一段个人成长，在独自应对生活琐事的过程中，她逐渐意识到自身的问题。因此钟晓芹的“处所焦虑”最后消解于她对个人成熟度不足的深刻反省和走向人格独立的过程中。

顾佳的“处所焦虑”最为深重。家是她守护的战场，是需要不断升级的堡垒，精心布置的处所背后是不安的内心，而她看似完美的婚姻，归根结底是一场单打独斗。在经历了丈夫出轨、烟花厂爆炸、被迫处理房产后，顾佳也完成了个人的成长与蜕变，但她的成长区别于王漫妮与钟晓芹的，既不是自身价值的提升，也不是成熟度的增加，而是一种视角的变化，即一切从家人出发，转变为从自我出发。换言之，她的“处所焦虑”消解于重新关注自我并完成对自我的超越。

这三位女士的“处所焦虑”在当下都市中具有一定的代表性。“处所焦虑”从表层上看，是女性在某个处所之内感到的恐慌与陌生，她意识到，这不是属于自己的地方，要逃离这个地方。其真实内里则是，女性在面对大龄、恋爱、事业、婚姻以及育儿问题时，生出的莫名的不安与绝望，它当然不只是30岁的已婚或未婚的女性的困扰，而是像滚雪球般出现在女性的不同成长阶段，又在不同程度上影响着女性的选择，以及她们对待亲密关系的态度。然而这种带有普遍性的焦虑的源头在哪儿呢？

法国思想家、文学批评家、女性主义者朱莉娅·克里斯蒂娃在分析弗洛伊德1919年的名篇《暗恐》时特别指出，在“家”的内部，存在着一种内在的不安。也就是说，我们熟悉的“家”中含有令人惴惴不安的东西，这种东西来自自己的过去，根据弗洛伊德的理论，它很可能是童年的创伤与遭遇。这种由原生家庭而来的不安感在顾佳身上体现得淋漓尽致，她过于强烈的保护欲与谋求更好生活的意愿，源自母亲病重时缺乏金钱医治而带给她的童年创伤，而消除这种创伤后遗症的最好方式是发现它，即让心中被压抑的“恐惧”浮现出来。

德国犹太哲学家、社会心理学家马丁·布伯认为，世界的本质是关系，这种关系的本质是“我—你”，“我”与“你”之间的关系应该是动态的，是在相遇过程中的面对面的交流与沟通，而人须得在关系中实现超越。王漫妮的“处所焦虑”源自她功利主义的择偶观，用马丁·布伯的话来说，是一种“我”和“你”的对立态度，即与我产生关联的一切都沦为我想要去经验、利用的对象，是我满足我之需要、我之利益的工具。王漫妮有极其明确的择偶标准，若未达其标准便会在她的人生中被删除。这一套择偶观看上去坦率又果敢，实际上是将择偶对象仅仅作为“物”来看待，即她所设定标准下的填充物。

资深生命教练克里斯多福·孟在追索亲密关系之本质时坦言：人类都有爱与被爱的需求，我们非常惯于寻找一个极其希望和我们在一起，一旦不能在一起便痛不欲生的人。如果没有人觉得我们是不可或缺的，我们将被迫面对被全世界遗忘的难受感觉。在钟晓芹与陈屿的亲密关系中，钟晓芹通过提出陪伴、接送等需求，来不断确证陈屿对待自己的感情。当她无法在陈屿的表现中得到这一确证时，便陷入深深的痛苦，进而宣告她的婚姻失去了意义。

剖析女性视角下的“处所焦虑”，可以帮助我们理解女性身上的特殊性。正如克里斯蒂娃所言，社会对于女性的要求远远超过了生理对女性的要求，而女性要回应种种要求，需要达到高度的成熟。而这种成熟包括，能够通过自我反思找到焦虑的根源，而不是被挫败感所压倒，同时知道如何以一种灵活的方式去消解它，而非永远迷失在焦虑的丛林里。①

二、女性的观念魔咒

似乎不论什么年龄段的女性都跟焦虑牢牢捆绑，年轻貌美时焦虑婚姻与事业，家庭稳定时焦虑事业滑坡、青春易逝，事业有成时焦虑婚姻不保或变为令人胆寒的男人婆，凡此种种，皆在焦虑自身的某种匮乏。女性的焦虑同时也是社会的焦虑，究竟是女性想要的太多，还是束缚她们的观念太盛？一些本应遗落在历史废墟中的观念，若是不加反思地接受下来，就会变成束缚女性的观念魔咒。

1762年，法国思想家让-雅克·卢梭(Jean-Jacques Rousseau，1712—1778)在《爱弥儿》中大谈女性职责，认为如果母亲们负起应负的责任来(这里应负的职责主要是指哺育婴儿)，社会风气便会马上改观，国家人口也会兴旺起来。母亲，无疑是卢梭实现其自然主义教育理念的重要基石。他真诚地许诺，履行好职责的母亲将会得到丈夫坚贞不渝的爱情，得到孩子们真诚的孝顺，得到社会的尊重……但是，当他将儿童当作一个发展中的个体去谈论的时候，却忘记了“母亲”这一称呼背后的女性同样拥有个体发展的权利。

19世纪初，歌德在《威廉·迈斯特的漫游时代》中谈到心中的“永恒女性”：她过着一种独居的生活，她的生活波澜不惊，她就像黑暗里的一座屹立不动的灯塔，给予其他人指引、忠告与抚慰，是一个无私的典范。历史上还有许多像卢梭、歌德这样伟大的思想家，一方面大谈女性的重要性，另一方面却忽视这一群体自身的需要，似乎她们除了具有母亲(奉献者)这一身份外，其他社会身份皆无足

① 原文第一次发表在《社会科学报》，2020年9月3日。

轻重。

韩国电影《82年生的金智英》(2019年上映)呈现了一位受过良好教育的现代女性所遭遇的现实困境,以及她在传统观念与职业梦想之间所遭受的精神撕裂。让金智英陷入困境的其实是一种根深蒂固的观念——孩子应该由妈妈抚养,全职育儿的同时也应揽下所有的家务活。有人嗔怪她病得匪夷所思:她既没有韩国传统伦理剧中百般刁难的恶婆婆,也没有各种添乱的小姑子,况且金智英的丈夫还颇能体谅她育儿的辛苦,经常早回家帮她照料孩子。而事情的另一面是,这个女人有自己热爱的事业,她原本没有生孩子的计划,全职育儿并非她的主动选择,但她的一切牺牲都被周围的人视作理所应当,她没法去工作却被认为像正宫娘娘般在家享福,丈夫的分担和体谅却被婆婆视为一种额外的"帮助"。女性在这种经年累月的"理所应当"中,极易消磨掉青春时代的梦想与激情,在日复一日"看上去并不那么繁重"的家务劳动中逐渐地丧失生机与活力,因而她们外在容貌的迅速衰老很大程度上是由内在精神的荒芜所致。却很少有人愿意承认,让女性独自承担育儿重任乃是一种社会不公。女主金智英的压抑正源于此——既辛苦又不被理解,更无法从中获取价值。《82年生的金智英》这部电影戳中的不仅是女性的痛点,同时也是男性的,因为当女性被规训为生儿育女的工具时,男性便理所应当地成了赚钱养家的工具,这是现代男女分工观念旗号下的双重异化。

法国存在主义作家、女权运动的创始人之一西蒙娜·波伏娃在《第二性》中指出,女人是逐渐形成的,女人作为妻子与母亲的单维面向是由于父权制的压制或引诱,这意味着女性可以不只是母亲或妻子,在社会身份的塑造方面还有更多的可能。而在现实生活中,当女性独自面对某种文化强制的时候,便显得脆弱而被边缘化,金智英便是如此,独自一人时感觉找不到出路。20世纪女性主义文学批评圣经《阁楼上的疯女人——女性作家与19世纪文学想象》彻底揭破父权主义文化对女性的精神束缚,让我们了解到一批女性作家,如何在那对女性和女性文学充满偏见的时代勇敢地拿起笔来创作,又是如何在作品中将作者真实的自我描绘为胆大妄为的疯女人形象。金智英亦是另一种意义上的"疯女人",她在心绪难平时便切换成记忆中的人来言谈行事。这种瞬时"切换"只缘于成长中经历太多的压抑，在女性须得恭顺、和蔼、缄默、忍耐的传统中她无法为自己发声，因而不得不换个角色为自己申诉，使得潜藏于心底的声音释放出来。

《82年生的金智英》只揭示出困扰女性的部分观念，其实在当代社会中，束缚女性的观念还有很多。例如，Facebook 首席运营官谢丽尔·桑德伯格在其畅销书《向前一步》（*LEAN IN*，2015）中塑造的成功女性形象是事业成功+家庭美满。尽管她的本意是鼓励更多的女性积极投身事业，但并不是每一名受过良好教育并拥有丰富职场经验的女性都具备兼顾事业与家庭的条件。因此，桑德伯格的成功女性形象极易让参照者感到，如果无法兼顾事业与家庭，就会滑向失败与平庸。

姚晨和马伊琍主演的电影《找到你》（2018年上映）便呈现了两位已婚女性无法兼顾婚姻与事业的难题。律界女精英的婚姻现实是，一边要照顾家庭，一边要在职场打拼，每一天都心力交瘁，最后却换来男人一句：你觉得你现在还像个女人吗？打工妹从结婚第一天起就遭受家暴，孩子患有先天性疾病，丈夫却撒手不管，她既要在医院里照顾孩子，又得在外打工筹钱。这两位女士显然与桑德伯格塑造的成功女性的形象相距甚远，但她们都尽其所能地去承担生活抛来的重担，又如何能用成功或失败去评判？若兼顾事业与家庭成了衡量女性成功与否的唯一标尺，那么这条标尺同时也变成一个束缚女性的观念，因为在标尺之外所有的成就都仿佛无足轻重，而在标尺之内则是女性奔波于事业与家庭之间的双倍付出。

除此之外，还有一些我们最为熟知的女性标签——“年轻”“美丽”“优雅”“苗条”“精致”，它们看似是对女性的夸赞，实则是对女性最深的束缚。美剧《了不起的麦瑟尔夫人》（2017年在美国首播）讲述了20世纪50年代的美国一位家庭主妇离婚后自我意识觉醒，奋斗成为一名罕见的女脱口秀演员的故事。女主反思过往时的一段话尤为经典：“我们所有的行为都必须遵循一定的规范，即便是在躺下来睡觉的时候，也必须保持优美的仪态。”它提醒女性去思考，这些规范究竟是为了谁的利益而制定的，而不只是盲目地去遵循与服从。追逐青春貌美的文化，意味着衰老是可怕的，不美或者丑意味着缺乏价值。在这种文化的熏染下，即便是一位兼顾好事业与家庭的女性，她若是衰老、憔悴、邋遢的，仍会遭受不友好的议论，怪她不能自律地得体地应对岁月流逝。如果她本人又很介意这样的话语，那么或许又会滑入消费主义的陷阱，将给自己花钱等同于爱惜自己，被各种美容和延缓衰老的信息牵着鼻子走。

正如美国女性主义批判家、性别研究学者朱迪思·巴特勒在《性别麻烦》(1990)中所言，不管社会性别或生理性别是固定不变的还是自由的，都是一种话语的作用。现代社会真正困扰女性的其实是一些以男权为中心的话语，一些臆想出的扁平化的观念。女性的出路或许在于，从自我内部粉碎观念的魔咒，这首先意味着，放弃借助环境中的观念来定义自身。①

三、女团成长类节目中的同质性话语

德国新生代思想家、韩裔学者韩炳哲在其专著《他者的消失》(2019)中提出了一个观点，即同质化的恐怖正在席卷当今社会各个生活领域，其症结在于过度交际与过度消费。他将这一现状描述为："人们踏遍千山，却未总结任何经验。人们纵览万物，却未形成任何洞见。人们堆积信息和数据，却未获得任何知识。"②因此，同质化意味着个体经验的匮乏与精神世界的荒芜。

近年来，女团成长类节目不断进入观众视线，从腾讯出品的《创造101》，到湖南卫视着力打造的《乘风破浪的姐姐》(简称《浪姐》)，掀起一波又一波网络热潮，媒体上围绕女性年龄、才华与魅力，以及女性如何定义自身的话题层出不穷。然而有些吊诡的是，在这些女团成长类节目当中，我们很难看到女性自身对于成长的反思，或具有独特视角的关注女性成长的话语，取而代之的是一整套被同质化了的商业性或娱乐性的话语，这套话语往往将节目所标榜的价值消解殆尽。

对于女团成长类节目，我们亟须展开一种疏离性的思考，即不那么贴近它的外观，以一种对话性的、批判性的视角重新审视这类文化现象。当人们打开女团成长类节目时，内心真正期待的是什么？是想看一群漂亮的姐姐唱歌跳舞，还是更多地想看到对日常或平庸的某种颠覆？

女团类节目所塑造的女性形象，很大程度上是一种心理投射——成为"更好

---

① 本节原文第一次发表在《社会科学报》微信公众号，2020年2月5日。

② [德]韩炳哲：《他者的消失》，吴琼译，中信出版社，2019，第4页。

的自己”。随着节目的更新，某位成员前期表现不佳，但最终脱颖而出的“剧情”，意味着平凡如“我”也可光彩照人，于是一种虚幻的可能，成功替代了现实中的不可能。一架看不见的机器制造出的幻觉，让一些观众相信只要勇敢“做自己”，就能够获得他人的青睐，于是不由自主地唱熟了女团的主打歌，购买了女团成员推荐的化妆品和服饰品牌。

20世纪德国批判理论家阿多诺与霍克海默合著的《启蒙辩证法》(1947)提出了“文化工业”概念。它指代一种通过带有娱乐属性的文化产品对大众进行控制和迷惑的生产机制。它生产出来的文化产品具有批量化、伪个性化的特点，大众在“文化工业”的系统当中，完全沦为被算计的对象。大众传媒不断强化他们被给予、被假定的心理，并借助广告使他们产生购买某一产品的“需求”。

当观众陶醉在节目制造的幻象中，头脑中被灌输了各式各样的品牌符号，将画面带来的瞬间满足感转化为对某种商品的好感时，离他们成为某个品牌的拥趸就不远了。用鲍德里亚在《消费社会》(1970)中的话来说，人们“无论怎么进行自我区分，实际上都是向某种范例趋同，都是通过对某种抽象范例、某种时尚组合形象的参照来确认自己的身份”，观众(潜在的消费者)，如果在观看节目的过程中完成区分与鉴别的全过程，接下来在整个消费进程中，就会向人为分离出来的范例会聚并受其支配。

见缝插针的广告植入，其实只处于这类节目制造的同质性话语的表层。同质性话语的内层乃是节目所输出的话题内容。以《浪姐》为例，观众在节目中可以看到各种有意构筑的“人设”，每种“人设”都搭配有精心剪辑的采访段落，这些采访看上去像女团成员或评委发自内心的“告白”——既透明又富有个性，还不时成为社交媒体上的热点。但这些言论只是很好地满足了大众的窥探欲和八卦欲，从其本质上来看仍然是一场秀而已。

观众只能在节目中看到一些有脚本的、被剪辑的同质性话语。在这些话语中，“年龄”经常作为箭头，射向镜头外的观众们最关注的话题之一：“30+”的姐姐如何来定义自身？换言之，“30+”的姐姐还拥有什么样的可能性？节目透过评委之口不断强调姐姐们“拒绝被定义”并拥有“无限的可能”，却最终用实际行动将可能的路径窄化为符合女团的审美标准。

作为日韩舶来品的女团主要迎合的是男性的凝视，尽管不断有“重新定义中国女团”的声音出现，但是女团选秀的主导标准依然是青春靓丽。因此，“女人味是谁来定义的呢?”这样的问题，唯有在节目之外才能够被严肃思考。《浪姐》的主题曲《无价之姐》(由李宇春作词)的歌词中说，“一个女性要历经多少风暴，做自己才不是一句简单的口号”，或许可以解读为女团中的成员永远处于某种既定框架之中，在某种既定的审美标准下被评判、选择、淘汰，进而在大众文化的泡沫中被消费或遗忘，却永远无法自我定义。

四、女性的多元婚姻观

电视剧《知否知否应是绿肥红瘦》(简称《知否》)改编自关心则乱同名网络小说，自 2018 年 12 月 25 日开播以来，在湖南卫视和爱奇艺、腾讯视频等网站掀起一大波收视热潮，至 2019 年 2 月 13 日收官，它的网络播放量在同期网剧里位列第一，即便在收官后围绕此剧的话题量也居高不下。剧中主角为北宋官宦家庭出身的庶女盛明兰，剧情围绕着她、她的姐妹和朋友的成长、爱情与婚姻来展开。有人将《知否》定义为一部典型的“宅斗”剧，津津乐道其中官宦庶女的逆袭方略，也有人大谈其中的教儿经。但在笔者看来，此剧的主题其实是女性视角的婚姻生活，从女性的视角细数了千百年来沉淀在中国文化当中已然定型的多种婚姻模式，围绕的问题是幸福的婚姻究竟该如何定义?

婚姻的复杂与困难似乎从未因社会变迁、时代进步而发生变化。在这部以北宋为背景的电视剧中，女性的婚姻观包括择偶态度以及她们在婚姻中的角色定位、与丈夫的相处之道等，之所以令人津津乐道，甚至欲罢不能，或许是由于当我们回头来看中国古代深受礼教压制与束缚的婚姻生活时，会暗自庆幸现在的美好生活，并且欣喜不必将才智悉数运用于婚姻生活方面。更或许源自剧中女性所面临的情感困境和婚姻难题，对于当代女性而言并不是过去式，它们的各种变体存在于看似更加开放、自由、平等的现代生活当中。

托尔斯泰曾言:“幸福的家庭是相似的，不幸的家庭各有各的不幸。”这样的划分对于婚姻而言似乎过于简单，因为即便是幸福的婚姻也存在各自的难题。在《知否》中，明兰与祖母闲聊时娓娓道出她极富现实意义的婚姻观:“与人相守，最终依靠的还是那最低处……终究还是要看看最低处的那儿，能不能忍得下去。”明兰若与贺弘文成了亲，她的婚姻很有可能就会将这种观点贯彻到底，夫妻二人和和睦睦、相敬如宾。这种就着最低处看的幸福婚姻观，貌似是惯于委曲求全的古代女性才会有的，其实在当代持这种现实主义婚姻观的仍不在少数，将夫妻看成合作伙伴的关系不就是这种观念的变体吗？那么对婚姻的幸福品质提出更高一些要求的当数华兰与如兰的婚姻观，虽然姐妹俩一位高嫁、一位低嫁，在婚姻上一个是父母之命、一个是自主选择，但她们对婚姻的看法却极为一致：只要夫妻和睦，其他皆可忍耐。例如，婆婆的百般刁难、丈夫的视而不见，对于华兰和如兰的忍让、妥协，可以在剧中看到来自娘家内部的质疑和批评，代表家庭权威的祖母甚至通过计谋来为深受礼教束缚之苦的孙女们松绑。这一点极易同当代的女性产生共鸣，而将其放在男尊女卑、女子动辄得咎的古代社会中更凸显其可贵。

还有一种婚姻观在《知否》中也具有代表性，即林小娘和她的女儿墨兰所持的功利主义的婚姻观：“一定要嫁入高门显贵”，拥有显赫身份才能得享幸福。在剧中，不论是林小娘将幸福寄托于盛纮的宠爱，还是墨兰将幸福押在伯爵府大娘子稳固的地位上，最后都一败涂地，生动地印证了当代婚姻的金科玉律：幸福的婚姻不能靠算计而得靠经营。谈及剧中经营婚姻的行家，很多人可能会想到女主明兰，其实还有英国公的女儿张氏，张氏的婚姻是典型的政治婚姻，嫁给国舅做继室有违其愿，婚后又受到邹家贵妾的百般刁难，但最后还是凭借卓然的才华与独立坚毅的人格将婚姻生活经营得有声有色。她也曾深陷愁苦之中，明兰的一番话开解了她。大意是说，既然已在婚姻之中，不如凭借自己的优势挣扎向前。这话放在当代社会，不仅可对婚姻貌似无路可走的人讲，也可对人生似乎没有希望的人讲。它仿佛在说，在智者眼中，真正的希望是从绝望处寻得的，很多的走投无路只不过是自己的画地为牢。

这部剧中最具有当代意识的婚姻无疑是盛明兰与顾廷烨的婚姻，夫妻二人既保持了独立人格又能相濡以沫、携手共进。有意思的是，成就这桩婚姻的其实是男主的婚姻观，而男主刚好符合现代女性对理想的另一半的设定，因为他所追求的女性伴侣，绝非一味讨好自己的应声虫，更不是演足温柔体贴戏码的“贤妻”，而是能跟自己怄气甚至撒泼的拥有真实自我的爱人。而这种摒弃中国古代“相敬如宾”婚姻模式的意图和戳破所谓妇德假面的行动，让男主充满当代人的特质。如果将这种婚姻观连带爱情观置入20世纪哲学家、心理学家弗洛姆的代表作《爱的艺术》中去检视，又会发现一种批判现代文化的张力。弗洛姆在这部书中指出，现代人的幸福源泉是购买的刺激，延伸到爱情与婚姻便是两个人根据对方和自己的条件、身价各取所需，宛如市场上的交易一般。因此他提出，真正的爱与相守其实是一种需要学习的艺术，而成熟之爱是双方保持完整人格与个性的融合，是一种将隔离人的墙壁拆毁的力量，同时让人克服孤立感。顾廷烨在此剧中便是这种力量的象征。

《知否》宛若现代人婚姻的多棱镜，在其设定的宋代背景中折射出当代人的婚姻哲学。不论是就着低处看的、爱情至上的，还是世俗的、功利的，似乎都在诉说婚姻中的种种无奈与妥协，而男女主人公的理想婚姻虽指出了希望所在，也让人无法回避其中的偶然因素。当代女性被观看、被挑选的命运并没有发生根本性逆转，“女孩子过了26岁就不好找对象了吗”和“大龄剩女如何找对象”这种话题还是知乎上的热门。而许许多多进入婚姻的当代女性，则仿佛平衡木上的体操运动员，在家庭与事业之间左右摇摆，为了最后姿态优雅的落地跳，在各种外在的标准、打分规制下表演着她们的幸福生活。

第十四章 美育视角下的教与学

本章将以培养学生的人格美——用席勒的话来说,帮助恢复完整健全的人性——为归旨,分析当下教育、教学中的一些现象,省思当代学校、家庭教育观念中存在的现实问题,从而拓宽审美教育的视域,提升我们对教育本质的认知,以避免掉入错位教育的陷阱或深陷教育形式主义的藩篱。

一、互联网教育的未来不只是“炫技”

由教育部教育管理信息中心牵头,国内知名大学、行业权威专家、研究机构等联合编写的《2017 年中国互联网学习白皮书》在京发布。数据显示,中国在线教育用户规模达 1.44 亿个,在线教育已经成为前景广阔的新兴产业,未来市场将以超过 20%的增速发展。《2017 年中国互联网学习白皮书》提到,人工智能、大数据、VR/AR 技术越来越多地进入教育领域,不仅带来新的学习方式,也促进教育创新进程加速。可以说,互联网教育已经开始进入深水区。需要注意的是,网络教育的未来并非只是教学“炫技”,而是借助技术的配合,充分呈现教学活动中的艺术性,这应该也是传统教育始终追求的方向。

互联网教育,主要是指互联网科技与教育领域相结合的一种新型的教育模式,其最显著的标志是以虚拟课堂替代传统的实体课堂。在当今的大学课堂上,一支粉笔从头讲到尾的授课模式渐被淘汰,多媒体技术普遍融入授课环节,例如:纸质资料变成了电子资料,黑板被花样多变的 PPT、视频所替代,但是这些技术的使用,似乎并未减少课堂上学生无聊、倦怠和散漫情况的发生率,学生参与度低成了当前教学环节当中面临的最大问题。与此相应,随着互联网教育的推广，传统教育模式正面临着前所未有的冲击，讲堂里的精品课程和讲座，已经迅速转变为慕课——大规模的网络公开课程。然而互联网教育未来需要面对的问题与传统教育一致，即如何提高教学质量，以及扭转教学活动当中普遍存在的学生参与度低的尴尬局面？

2010 年，笔者就读于复旦大学，彼时某公司的拍摄团队就已经进入了教授课堂，这当然是一件大好事，那些无缘进入 985 高校或排名靠前专业的同学，可以通过该公司提供的免费视频来远程学习。2018 年 4 月 26 日，笔者收到一则“如何体现以学为主的教学设计”培训通知，作为一名青年教师我欣然前往，在直播培训开始之前，该公司的负责人用近一个小时的时间推广他们的直播课堂以及配套的“学习通”工具。这不由让人感到，这家公司的业务范围已经从少数名校、名师课堂扩展到了普通教师的课堂，并且学校也有相关的项目支持，网络教学似乎已是大势所趋。

网络教育（主要包括在线课程和直播讲堂）作为传统教育模式的重要补充，其优势正在日益凸显。在以“如何体现以学为主的教学设计”为题的直播课上，主讲人集中介绍了网络教育的三大优势。一是缩减课时。将知识点打碎磨细，转化为以小节为单位的视频课程，让学生有选择地进行学习、复习，从而极大地缩减传统同步性教学所花费的课时量。二是精准反馈。根据学生观看视频的所需的时间和网上答题的情况，形成科学数据，从而精准了解学生对知识的接受程度，进而有的放矢地进行课后辅导。三是增强交流。学生可以通过线上留言的方式同教师沟通，也可以与同学在线上进行分组讨论。由此，网络教学方式不仅有助于推进主动性学习、个性化教学，而且使师生之间的交流变得更为多元化。

同时，我们也须看到传统教育模式的不可替代性。在实体课堂上，才能够低成本地实现教师与学生、学生与学生之间直接的面对面的交流。这种交流方式的特点是学生既可以通过直接的提问与教师交流，教师还可以通过学生下意识流露的表情、眼睛里传达出的信息，来判断学生对讨论话题的兴趣度和疑惑点；身处同一课堂的学生之间也能够进行充分的交流，在课堂讨论环节，他们可以迅速观察到彼此对同一问题的契合度，通过互相聆听、讨论获得新的认知视角、达成共识。传统教育模式主导下的课堂或讲堂，交流的现场感和思想流动的即时性，以及在此基础上产生的情感联系与共鸣，只有极少数专门针对外语教学的网络教育才能够实现，但对于学生而言，这类课程的费用相对高昂。此外，网络教育普遍存在弃课率高的问题，因此网络教育须得同传统教育的考核制度相挂钩，在自律的基础上配合他律，才能取得较为理想的教学效果。

教育既是一门科学，又是一门艺术，它所追求的是永远要求达到而从来没有充分达到的一种理想。西方学者曾指出，网络教育的未来是通过使用各种尖端技术，让学生在远程学习中获得身临其境的体验，提出将教育学、虚拟现实技术、游戏设计等综合运用于网络教育，把难以理解、消化的知识编辑成有趣的故事或者游戏，让学生获取知识的过程变得富有吸引力。以技术为支撑，将艰苦的学习过程转化为游戏活动，的确是提高教学质量的一种有效途径。但是，我们还应该注意到，获取知识——求真，只是教育的部分环节，教育还有美的因素、善的因素。就文科教育而言，在通过丰富的图像来帮助学生理解文本的同时，也不应忽略激发学生的想象力，让他们通过语言文字打开内在视觉，创造出头脑中的意象或意境。也就是说，网络教育的未来，并非只是教学上的炫技活动，而是借助新兴技术的支持，让教师与学生都能充分地发挥出能动性与创造力，在教与学的活动中真切感悟到生活中的真、善、美，而这也是传统教育的初衷。①

二、“量子波动速读”之省思

面对引发热议的“量子波动速读”骗局，除了“不可思议”“满目荒唐”，还能够说点什么呢？戴着眼罩的孩子在迅速翻动书页，装模作样与书本正在发生着某种神秘的感应，培训机构宣称，用这种方法 1～5 分钟可以读完一本 10 万字的书。这幅极具魔幻色彩的画面一旦从生活场景中被截取、被放大，便立刻进入反思的视域，被蒙在鼓里的人仿佛一时间都懂了，有关骗子可恶或受骗者愚钝的声讨渐已落下帷幕。当此之时，我们需要深思的是：为什么在科技昌明的时代依旧有那么多人深陷迷信漩涡？并且这种迷信还是披着科学的外衣，四处招摇撞骗、战功赫赫。

① 本节内容原文第一次发表在《社会科学报》，2018 年 6 月 14 日。

首先,“量子波动速读”骗局折射出当下普遍存在的一种迷信心理,即“迷信科学”。在现代文明中,恐怕没有哪个领域像科学一样获得这样崇高的地位和无与伦比的权威,有不少人甚至把科学当作万物的尺度。比如:养孩子一定要科学育儿,吃饭一定要科学饮食,就连谈恋爱也提倡要科学择偶。凡此种种,仿佛任何事物一旦被冠以“科学”二字,或者在某种科学理论(也不管是不是真正的理论)的指引下才是靠谱的,说某物某事“科学”基本等同于判定它是“绝对正确”。借“量子波动”概念来牟利的培训机构,利用的恰恰是大众普遍崇拜科学的心理,用一套貌似科学的概念来诓骗家长,让那些违背常识的事情变得似乎真有可能。一般人会认为,相信科学总归没有错,事实上正是因为不加反思的相信,让我们离科学的本质愈来愈远。科学的本质规定中有一条特别重要,就是可证伪性。正如哲学家卡尔·波普尔(Karl Popper)提出的,检验科学的方法是“证伪”而不是证实。在科学里,判断理论正确与否通常采用的方式是实验,因此当理论受到实验检验时,愈不能被证伪,它就愈可能是为真,所适用的范围就愈广阔。但是,你绝不能肯定这理论绝对正确,即便它已经经受了一千万次的检验;因为,谁知道它不会在第一千万零一次失败呢?指明科学的可证伪性,不是让我们从今以后不再相信科学,而是说要理性地看待科学的权威性,了解到科学并非解决人类所有问题的灵丹妙药,任何科学理论都有其适用范围,因此在面对“量子波动速读”这类的貌似科学的概念时就会事先打个问号。

其次,“量子波动速读”骗局还体现出一些家长在教育上的误区。营销“量子波动速读”的教育机构宣称,学会这种速读法的孩子,只要翻书几分钟就能完整阅读几十万字,并且可以把书本内容复述出来。更不可思议的是,即使戴上眼罩也知道作者传达的情绪和内容,如果我们把它看成医治、提升孩子“记忆”的一剂神药方也不足为过。有人分析这类培训骗局大行其道,背后与家长对孩子不切实际的期望、急功近利的心态有关,当然也跟基础教育竞争日趋激烈相关,其实更为根本的是家长在教育观念、教育理念方面存在一些误区。误区之一是,记忆好等于学习能力强;误区之二是,要赢在起跑线上;误区之三是,花最少的时间、学到最多的知识就是最好的方法。法国作家、社会活动家席里尔·迪翁在《人类的明天》中特别谈到芬兰的教育,十多年来,芬兰的教育系统被看作欧洲乃至整个西方世界的榜样。他认为，芬兰教育取得惊人成功的秘诀在于将学生而非知识作为教育系统的重心，因为学生的个性各有不同。每一个学生都有自己的长处、天赋，因此教育机构、教学系统应该提供各种条件，让学生在教师的帮助下按照自己的节奏学习，进而逐渐形成适合自己的学习方法。这种教育理念所秉持的首先是尊重学生，然后帮助学生发展自己的长处，并以此为人类做贡献，这也是值得借鉴的未来教育的模式。现如今，知识俯拾即是，在这片知识的海洋里，教育更应该回归原旨，即它的词源拉丁语“educare”的意思“使出来”“引导出来”，教育应该让我们天生的优势显示出来，学习的目的是最终的创造，或者至少能够学以致用，而不是将学生当成空罐子，一味地填塞知识。若家长对于教育有一个较为理性的思考，形成真正有科学依据的教育理念，则不会被骗子的营销术牵着鼻子走。

最后，更值得我们关注的是“量子波动速读”骗局中的孩子们，他们有的是骗子诱骗来的“宣传道具”，有的是被父母送来培训的“小白鼠”。在这场骗局中，他们才是真正的受害者，前者在关键的成长期，内心就被种上投机取巧的种子，影响到最基本的道德是非观；后者面对家长的期许不敢说自己什么都没有学到，与此同时由于分辨不出是速度方法本身有问题还是自己的学习能力有问题，从而在惶惑中沉默，甚至失去本心，不断翻动书页的手何尝不是呼喊求助的手。这出骗局堪称《皇帝新装》的现代版本，所不同的是，骗局中的那个孩子也无法说出真相。①

三、论教育的包容性

大家经常能在媒体上看到一些令人心痛的消息。例如，一名小学生因为教师的作文评语不佳，而从教学楼上一跃而下，结束了她年仅 10 岁的生命。如果将悲剧的症结锁定在教师的评语上，人们可能会问，仅仅一句“传递正能量”何以会令一名 10 岁的孩子彻底崩溃，乃至痛苦绝望到非得以死来结束自己的生命？又如，一名 9 岁的女孩，留下两封遗书后从高楼跃下，遗书上写着“为什么我干什

① 本节内容原文第一次发表在《社会科学报》，2019 年 11 月 14 日。

么都不行”。对于9岁孩子而言,她的人生才刚刚开启,又是什么样的经历,令她产生了对自己如此彻底的否定?这些事件后,我们真正要思考的问题是究竟是什么损害了孩子们的精神健康?

类似的社会事件与某些中小学校所秉持的教育理念息息相关,即一味强调学生应该去适应现行的教育体制,比如:遵守学校的规定、遵守班级的纪律,服从老师、班干部的指令,在受教育的过程中保持低姿态,认真接纳来自教育系统的反馈,并深刻反思与检讨自身存在的问题。这样的教育理念的缺陷在于,只是单方面地要求学生去适应现行的教育模式,却并不鼓励教师去尝试一种更具有包容性的教育方式、方法,以及积极建构一种更为多元化的、更适合于学生身心发展特质、个体性差异的教育评价与认同机制。

何谓富有包容性的教育?中国近代教育名家蔡元培先生早在100多年前,探讨新教育与旧教育的区别时,就给出了清晰的阐述:

> “夫新教育所以异于旧教育者,有一要点焉,即教育者非以吾人教育儿童,而吾人受教于儿童之谓也……新教育则否,在深知儿童身心发达之程序,而择种种适当之方法以助之。如农学家之于植物焉,干则灌溉之,弱则支持之,畏寒则置之温室,需食则资以肥料,好光则复以有色之玻璃;其间种类之别,多寡之量,皆几经实验之结果,而后选定之;且随时试验,随时改良,决不敢挟成见以从事焉。”①

蔡元培对现代教育提出的要求是:教育者要不带成见地对待儿童,并能够站在儿童的角度来观察体验世界;教育儿童犹如农学家培育庄稼,需要尊重儿童的自然本性,了解儿童身心发展的规律,并能够以恰当的方式来助其发展。他反对将儿童作为“无机物”来对待,犹如石匠那般将石块凸出的部分凿平,或是像花匠那样将松柏编织成鹤鹿的形状。蔡元培的这一教育思想背后的理念是以人为本、因材施教,这样的教育理念可称之为具有包容性的,因为它允许受教育者保持自身的禀赋与特质,而不是强迫受教育者去适应社会的需求和目标,或者以成

---

① 蔡元培:《蔡元培教育名篇》,教育科学出版社,2013,第53页。

人的成见强加于儿童，妨碍儿童个性的发展、人格的完善。

蔡元培具有包容性的教育理念，实际上是承接西方思想家、教育家卢梭，弗里德里希·威廉·奥古斯特·弗罗贝尔（Friedrich Wilhelm August Froebel，1782—1852）等人的自然主义教育理念，即儿童本身便具有活动、认识与审美的能力，教育只是遵循自然法则，营造适宜的时机与环境，帮助、促进孩子自主成长，教育的最终目标是，培养出具有健全人格的国民，因为一个人唯有具备健全的人格、独立的精神，才能真正担负起在社会上的种种职责。

2022 年 10 月 16 日，习近平总书记在党的二十大报告中就“办法人民满意的教育”指出：“教育是国家大计、党之大计。培养什么人、怎样培养人是教育的根本问题。育人的根本在于立德。全面贯穿党的教育方针，落实立德树人根本任务，培养德智体美劳全面发展的社会主义建设者和接班人。坚持以人民为中心发展教育，加快建设高质量教育体系，发展素质教育，促进教育公平。”①可见，不论是蔡元培说的教育理念，还是习近平总书记在党的二十大报告中绘制的教育蓝图，都旨在强调教育应该立足于人本身、具有包容性，不能将人才培养教条化、格式化，而是要引导受教育者拥有美好健全的人格，实现人的自由而全面的发展。

前文所述的第一起悲剧事件，在笔者看来，教师的评语只是压垮那名 10 岁孩子的最后一根稻草，悲剧的根源是，孩子在长期的受教育过程中，已不知不觉地深陷追逐“优秀”的泥潭，“优秀”几乎等同于师长们的普遍认可，即来自外部的、权威的积极评价，教师的评语由于距离她的心理预期太过遥远，而令她感到绝望痛苦，继而选择用死亡去终结这种痛苦。第二起事件也是如此，让一个 9 岁女孩产生“为什么我干什么都不行”的疑问的，当然不是她真的干什么都不行，而是她无法达到某种既定的标准、单维的评价标准，继而产生对于自身价值怀疑。一个健全的生命体，应该有很多的因素来支撑，家庭的关爱、朋友的理解、爱好的滋养、舒适的环境……但当教育异化为激烈的竞争与学业压力时，内向又缺乏情感支撑的孩子往往会变得无所适从，心理脆弱到不堪

① 习近平：《高举中国特色社会主义伟大旗帜 为全面建设社会主义现代化国家而团结奋斗：在中国共产党第二十次全国代表大会上的报告：汉英对照》，外文出版社，2023，第 28 页。

一击。

尽管从强调受教育者尽可能地包容现行的教育模式，到提倡教育的包容性，尊重受教育者的个性，做到以人为本、因材施教，还有很长的路要走。但每一个普通的家庭，每一位教师，都有权利和机会重新定义教育的格局与实现路径。在人工智能时代，社会更需要的是具有创造力的人才，而非纯粹知识性的人才。身为教育者必须不断地了解外部世界的变化，打破学科之间的分界，拆除智育与美育之间的壁垒，搭建知识教育与能力教育之间的桥梁，探索出一条适合未来、更贴近新一代的教育之路。